Inhaltsverzeichnis

Zuordnungen

Prozent- und Zinsrechnung

Lineare Gleichungen

Vorwort

Ganze und rationale Zahlen und das Rechnen mit ihnen, proportionale und antiproportionale Zuordnungen, Prozent- und Zinsrechnung sowie das Lösen einfacher linearer Gleichungen und Ungleichungen sind wesentliche Inhalte des Mathematikunterrichts im 7. und 8. Schuljahr aller Schulformen. Die folgenden Arbeitsblätter bieten Übungen und alltagsbezogene Aufgabenstellungen zu diesen vier Themenbereichen mit dem Ziel, das Gelernte zu festigen und so sichere Grundlagen für die Weiterführung in den folgenden Klassenstufen zu schaffen.

Zu den einzelnen Kapiteln

Der Themenbereich *Ganze und rationale Zahlen* umfasst drei Abschnitte. Zunächst wird der neue Zahlbereich **Z** mit anschaulichen Beispielen (Temperaturwerte, NN-Werte, Zeitleiste) eingeführt und dann mit Zahlenstrahl und Zahlengerade gefestigt (Seite 5–17). Anschließend werden die Grundrechenarten Addition und Subtraktion (Seite 18–34) sowie Multiplikation und Division (Seite 35–46) auf die neuen Zahlen angewendet. Die Rechenregeln (Kommutativ-, Assoziativ- und Distributivgesetz) und das Rechnen mit Klammern werden in den dazugehörigen Übungsseiten berücksichtigt.

Der zweite Themenbereich *Zuordnungen* (Seite 47–60) beginnt zunächst mit praxisbezogenen Kurvendarstellungen. Werte können abgelesen oder eingetragen werden. Anschließend werden Proportionalität und Antiproportionalität eingeführt und deren Unterscheidung geübt. Schließlich sollen „Zuordnungsmixe" durch proportionale und antiproportionale Zuordnungen ergänzt werden.

Im dritten Themenbereich *Prozent- und Zinsrechnung* (Seite 61–82) werden die erforderlichen Begriffe und die Verfahren zu ihrer Berechnung eingeführt. Auch die Promillerechnung wird mit einbezogen. Dieses Kapitel enthält außerdem Erläuterungen und Aufgaben zu netto und brutto, zur Berechnung der Mehrwertsteuer und zu Rabatt und Skonto. Viele alltagsbezogene Aufgaben üben die Darstellung der Prozentrechnung in unterschiedlichen Diagrammarten.

Im Projekt „Gummibärchen" können die Schülerinnen und Schüler im handelnden Umgang Prozente berechnen und sie in einem Diagramm darstellen. Mix-Seiten mit unterschiedlichen Aufgabenstellungen zur Prozentrechnung und Arbeitsblätter zur Zinsrechnung unter Einschluss des Zeitfaktors bilden den Abschluss dieses Themenbereichs.

Das Lösen einfacher linearer Gleichungen und Ungleichungen ist Inhalt des vierten Themenbereichs *Lineare Gleichungen* (Seite 83–91). Begonnen wird hier mit Kryptogrammen, die zum Probieren, zum Raten und Nachdenken im Zusammenhang mit Variablen anregen. In einem ersten Zugang wird die richtige Zahl für x durch Probieren gesucht. Im zweiten Abschnitt wird dann die Äquivalenzumformung eingeführt und übend vertieft. Das Gelernte wird anschließend mit verschiedenen Gleichungen und Ungleichungen gefestigt. Den Abschluss der Einheit bildet wieder ein „Gleichungsmix", ein Arbeitsblatt mit vermischten Aufgaben.

Aufbau und Struktur der einzelnen Arbeitsblätter

Wo immer es möglich ist, wurden bei der Gestaltung der Arbeitsblätter und bei der Aufgabenstellung Schülererfahrungen aufgegriffen und Beziehungen zur Realität hergestellt. Neben der Verwendung einfacher Begriffe aus der Wirtschaft – Mehrwertsteuer, Rabatt, Skonto, brutto und netto – wurden bei der Formulierung der Aufgaben auch fächerübergreifende Aspekte zur Geschichte, zu den Naturwissenschaften und zur Arbeitslehre berücksichtigt.

Die einzelnen Arbeitsblätter können an unterschiedlichen Stellen des Unterrichts eingesetzt werden. Zu jeder Einheit werden Blätter angeboten, die in die neue Thematik handlungsorientiert und mit visuellen Hilfen einführen oder die Einführung eines neuen Sachverhalts unterstützen. Diese Arbeitsblätter sind einheitlich gestaltet, um den Schülerinnen und Schülern bei häufigerem Umgang mit den Materialien den Überblick zu erleichtern. Sie bieten zudem auch fachfremd Unterrichtenden grundlegende Hilfen für die Planung und Durchführung des Unterrichts. Daneben dient ein Großteil der Arbeitsblätter vorrangig der Festigung und Übung des Gelernten.

Die Aufgaben des einzelnen Arbeitsblattes sind, wo das sachlich möglich ist, nach Schwierigkeit gestuft, sodass sie auch im differenzierenden Unterricht eingesetzt werden können. Viele Sachaufgaben werden visualisiert angeboten.

Jeder Sachabschnitt wird mit einem gemischten Übungsblatt abgeschlossen, das die Aufgabentypen der jeweiligen Thematik enthält und sich für die abschließende Wiederholung sowie zur Vorbereitung einer Klassenarbeit einsetzen lässt.

Damit Selbstkontrolle möglich ist, sind auf vielen Arbeitsblättern die Lösungen für die Schülerinnen und Schüler angegeben. Alle Lösungen befinden sich im Lösungsteil am Endes des Heftes.

Die Bearbeitung der Arbeitsblätter kann in Einzel-, Partner- oder Gruppenarbeit und auch im Klassenverband erfolgen.

Die Einführung neuer mathematischer Sachverhalte wird von zwei Figuren, Wursel und Miniwursel, unterstützt. Sie stellen Formeln übersichtlich und präzise dar, klären Sachverhalte und Begrifflichkeiten und geben darüber hinaus den Schülerinnen und Schülern auch kleine Tipps.

Anke Kelm und Kai Bartschat (Autoren) — *Udo Quak (Herausgeber)*

TEMPERATURWERTE

5 °C über 0 °C schreibt man: +5 °C.
5 °C unter 0 °C schreibt man: –5 °C.

Lies die Temperaturwerte an den Thermometern ab und trage die Werte auf der dazugehörigen Linie ein.

a)
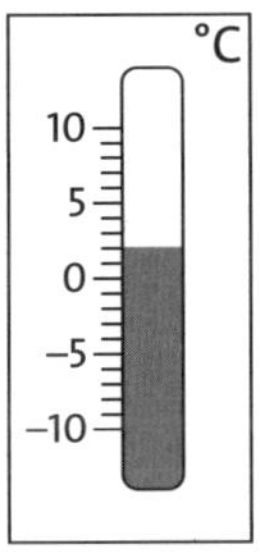

____

b)
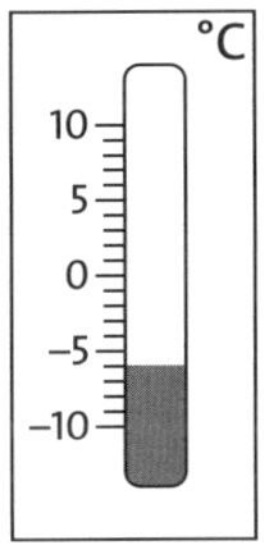

____

c)
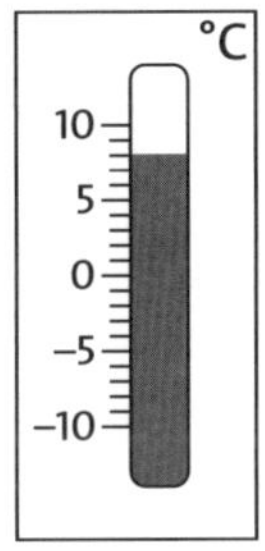

____

d)
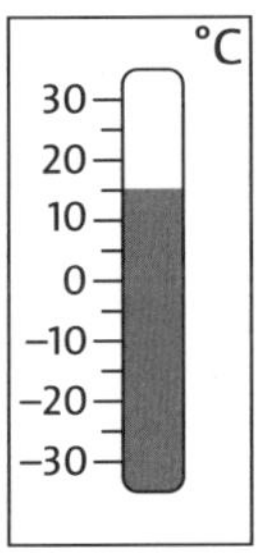

____

e)
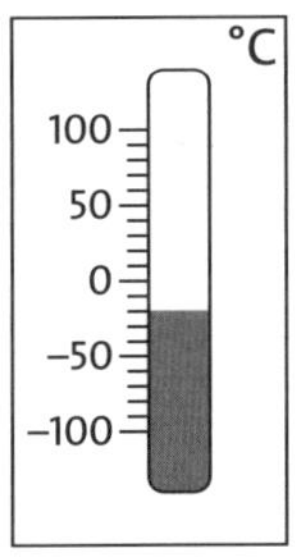

____

f)
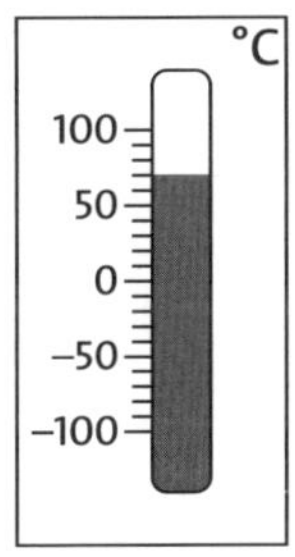

____

Schreibe die Temperaturwerte in der Schreibweise mit + und – auf.

a) 10 °C über 0 °C: ☐ **b)** 8 °C über 0 °C: ☐ **c)** 6 °C unter 0 °C: ☐

d) 17 °C über 0 °C: ☐ **e)** 12 °C unter 0 °C: ☐ **f)** 26 °C über 0 °C: ☐

g) 23 °C unter 0 °C: ☐ **h)** 19 °C unter 0 °C: ☐ **i)** 77 °C über 0 °C: ☐

Richtig oder falsch? Überprüfe die Lösungen und kreuze richtig beziehungsweise falsch an.

Aufgabe	Lösung		
4 °C unter 0 °C	+4 °C		
11 °C über 0 °C	+11 °C		
1 °C über 0 °C	+1 °C		
40 °C unter 0 °C	+40 °C		

Aufgabe	Lösung		
13 °C unter 0 °C	+13 °C		
35 °C über 0 °C	+35 °C		
44 °C unter 0 °C	–44 °C		
60 °C über 0 °C	–60 °C		

TEMPERATURÄNDERUNGEN

➔ Berechne die fehlenden Werte für Endtemperatur, Anfangstemperatur und Temperaturänderung.

a)

Anfangstemperatur	Temperaturänderung	Endtemperatur
+3 °C	+10 °C	
+19 °C	−7 °C	
+30 °C	−22 °C	
−17 °C	+11 °C	
−4 °C	−6 °C	

b)

Anfangstemperatur	Temperaturänderung	Endtemperatur
	+10 °C	+15 °C
	+4 °C	+28 °C
	−9 °C	+3 °C
	−5 °C	−8 °C
	+14 °C	−1 °C

c)

Anfangstemperatur	Temperaturänderung	Endtemperatur
+10 °C		+18 °C
+20 °C		+5 °C
+9 °C		0 °C
−18 °C		−25 °C
−12 °C		−7 °C

d)

Anfangstemperatur	Temperaturänderung	Endtemperatur
+89 °C		+50,5 °C
+60 °C		−12,5 °C
	−50 °C	+20 °C
	−43,5 °C	+49 °C
−106 °C		−85 °C
+28 °C		−2,5 °C
−1 °C	−42,5 °C	
−19 °C		−70 °C
	−80 °C	+16,5 °C

Lösungen

+13 °C +70 °C −38,5 °C +8 °C +8 °C +96,5 °C −3 °C
+12 °C +5 °C −15 °C +92,5 °C −10 °C −43,5 °C −6 °C
−15 °C +24 °C +21 °C −51 °C +5 °C −30,5 °C −7 °C
−9 °C +12 °C −72,5 °C

NN-WERTE

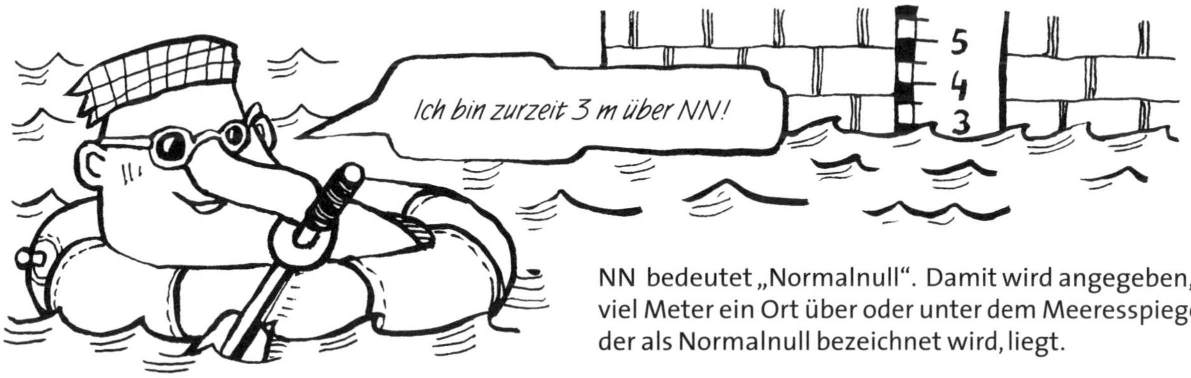

NN bedeutet „Normalnull". Damit wird angegeben, wie viel Meter ein Ort über oder unter dem Meeresspiegel, der als Normalnull bezeichnet wird, liegt.

➔ Du befindest dich auf einer Fahrradtour durch ein Gebirge. Berechne die Höhenunterschiede, die du auf den Etappen überwindest. Zu jeder richtigen Lösung erhältst du einen Buchstaben. Die Buchstaben der richtigen Lösungen ergeben ein Gebirge, in dem ebenfalls große Höhenunterschiede zu überwinden sind.

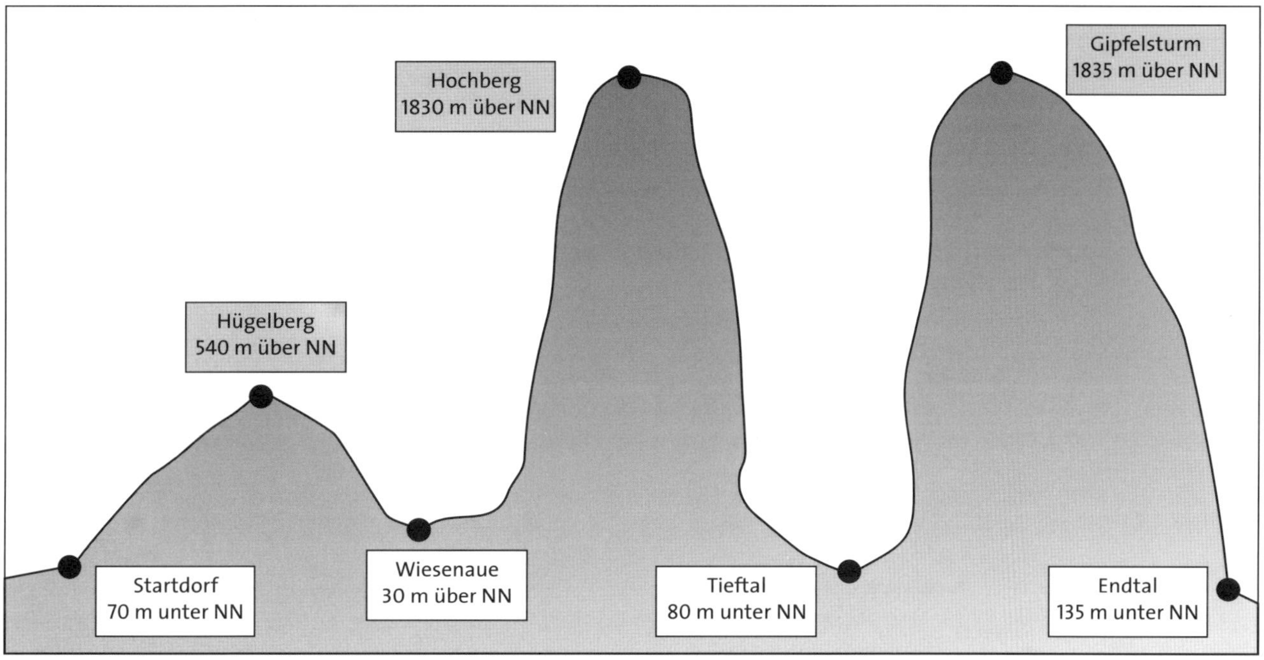

Etappe 1) Startdorf – Hügelberg: 70 m bis NN + 540 m ab NN = 610 m Höhendifferenz.

Etappe 2)	______________________	510 m	A	570 m	E
Etappe 3)	______________________	1800 m	L	1860 m	N
Etappe 4)	______________________	1750 m	D	1910 m	P
Etappe 5)	______________________	1755 m	O	1915 m	E
Etappe 6)	______________________	1700 m	Z	1970 m	N

Lösung: *Das gesuchte Gebirge sind die* | | | | | | .

ZEITLEISTE

Alle Werte vor dem Jahre Null werden mit v. Chr. gekennzeichnet und alle Werte nach dem Jahre Null mit n. Chr.

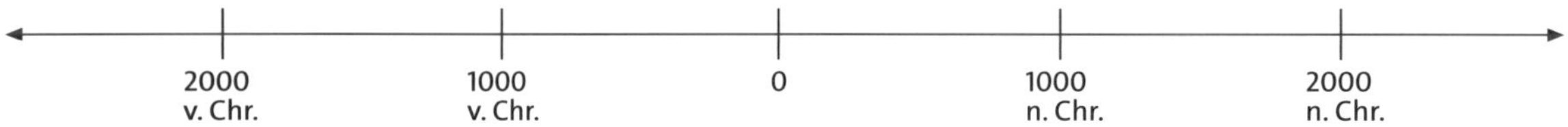

Überprüfe und kreuze an, ob die Werte richtig oder falsch von der Zeitleiste abgelesen wurden.

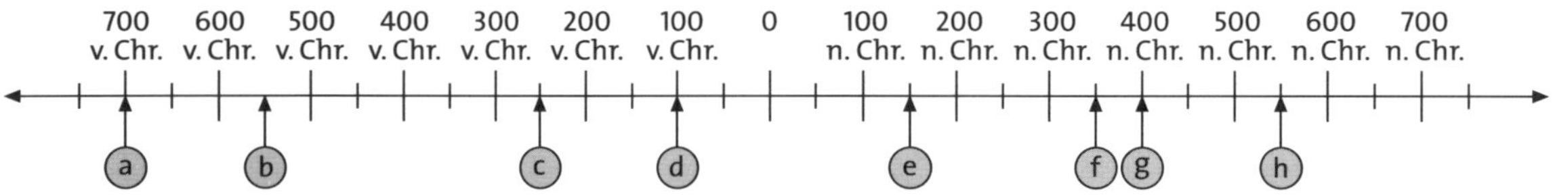

Aufgabe	Lösung		
700 v. Chr.	a		
550 v. Chr.	b		
400 v. Chr.	c		
100 v. Chr.	d		

Aufgabe	Lösung		
150 n. Chr.	e		
300 n. Chr.	f		
350 n. Chr.	g		
450 n. Chr.	h		

Ordne die Bilder der richtigen Zeit zu. Trage anschließend die zugehörigen Buchstaben in die Zeitleiste ein.

3000 v. Chr.: Ägyptische Hochkultur

2000 v. Chr.: Phönizier entwickeln die Buchstabenschrift.

510 v. Chr.: Erste Demokratie bei den Griechen

650 n. Chr.: Chinesen erfinden das Porzellan.

1492 n. Chr.: Kolumbus entdeckt Amerika.

2002 n. Chr.: Euro wird neue Währung.

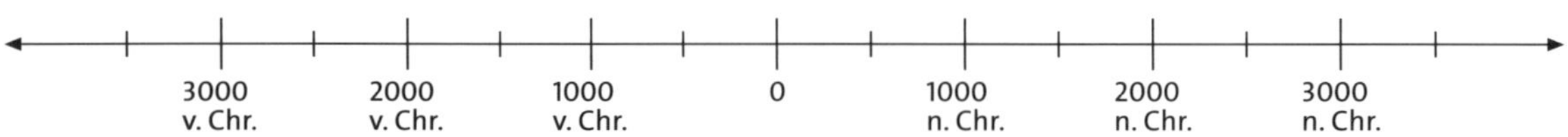

VOM ZAHLENSTRAHL ZUR ZAHLENGERADEN

Zahlenstrahl:

Zahlengerade:

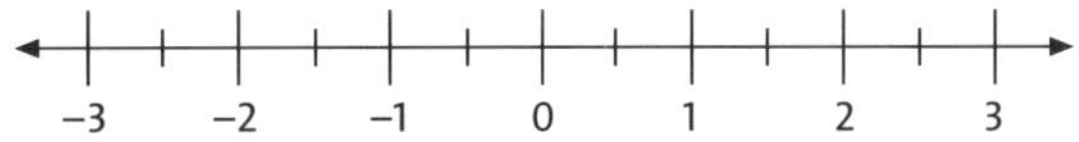

Steckbrief: Zahlenstrahl

- Startet bei Null.
- Rechts von der Null sind positive Zahlen.
- Ist nach rechts unendlich.

Steckbrief: Zahlengerade

- Null liegt in der Mitte.
- Links von der Null sind negative Zahlen.
- Rechts von der Null sind positive Zahlen.
- Ist nach links und rechts unendlich.

➔ Lies die Werte auf dem Zahlenstrahl ab und trage sie auf den Linien ein.

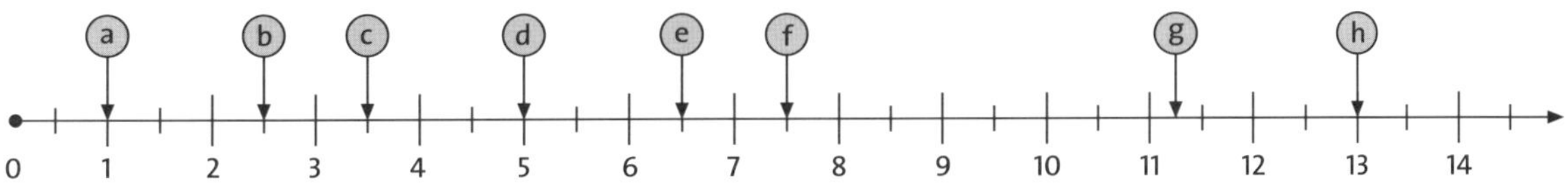

a) ____________ **b)** ____________ **c)** ____________ **d)** ____________

e) ____________ **f)** ____________ **g)** ____________ **h)** ____________

➔ Entscheide, ob die Werte an der Zahlengeraden richtig (r) oder falsch (f) abgelesen wurden. Gib bei falscher Lösung das richtige Ergebnis an.

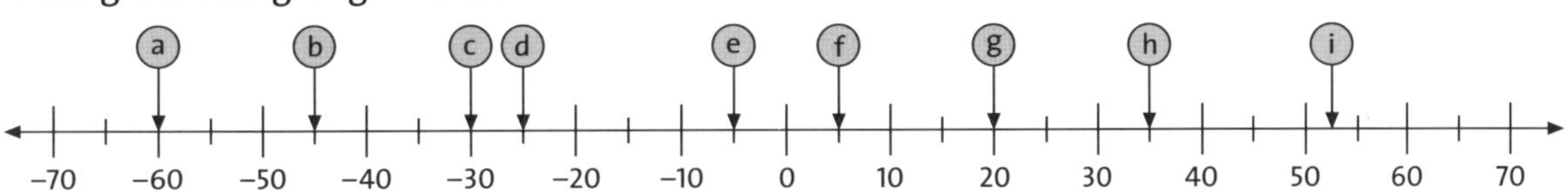

a) –45 ________ **b)** –30 ________ **c)** –30 ________

d) –15 ________ **e)** –10 ________ **f)** 0 ________

g) +5 ________ **h)** +15 ________ **i)** +52,25 ________

AUFGABEN ZU ZAHLENSTRAHL UND ZAHLENGERADE

➔ Auf dem Zahlenstrahl sind die Ergebnisse des Schneckenrennens eingetragen. Lies die Werte ab und trage sie auf den jeweiligen Linien ein. Welche Nummer hat die schnellste Schnecke?

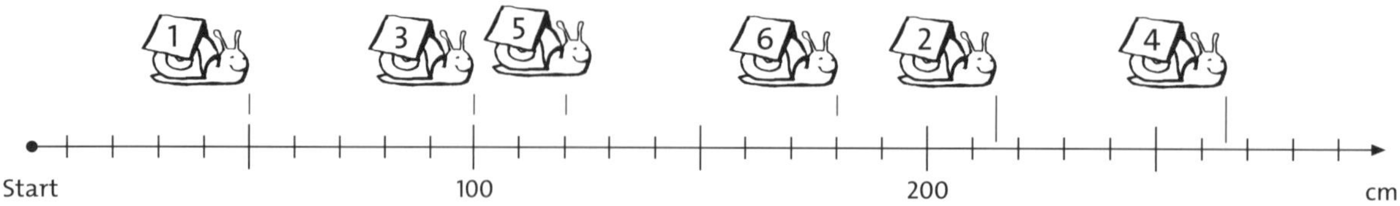

Zurückgelegte Strecken der Schnecken:

 : ____________

 : ____________

 : ____________

 : ____________

 : ____________

 : ____________

Lösung: *Die schnellste Schnecke hat die Nummer* ________ .

➔ Bei einem Leichtathletik-Wettkampf haben die Kugelstoßer im Finale folgende Weiten erzielt. Trage die Weiten in den Zahlenstrahl ein.

Bugajew: 19,85 m; Smith: 21 m; Kaminski: 20,50 m; Meier: 20,75 m; Fjöndal: 19,95 m; Demiklos: 21,45 m.

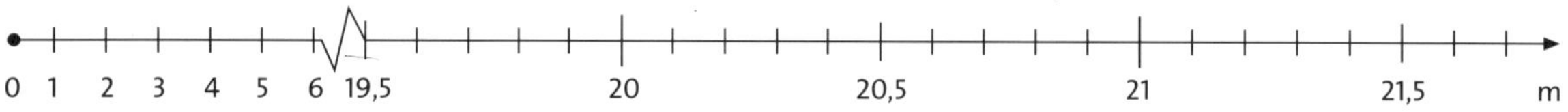

➔ Durch den Londoner Vorort Greenwich führt der Meridian 0. Nach diesem Längengrad sind die unterschiedlichen Uhrzeiten der Welt ausgerichtet. Pro 15° geographischer Länge geht man von einer Stunde Zeitverschiebung aus, in östlicher Richtung pro 15° eine Stunde mehr, in westlicher Richtung pro 15° eine Stunde weniger.

Lies an der Zahlengeraden mit den angegebenen Längengraden ab, in welchen Zeitzonen die einzelnen Städte liegen und bestimme ausgehend von der Greenwich-Uhrzeit 11.00 Uhr die Zeitverschiebung und die Uhrzeiten der Städte.

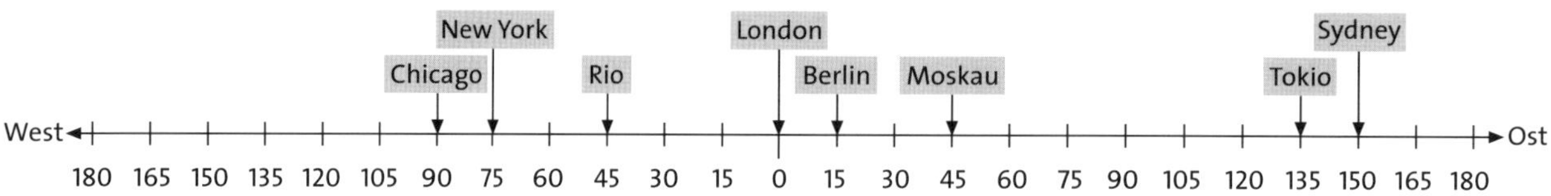

Ort	Zeitverschiebung	Uhrzeit
Greenwich	0 h	11.00
Berlin		
Chicago		
Moskau		

Ort	Zeitverschiebung	Uhrzeit
New York		
Rio		
Sydney		
Tokio		

AUF DER ZAHLENGERADEN

➔ Welche Zahl gehört zu welchem Buchstaben?

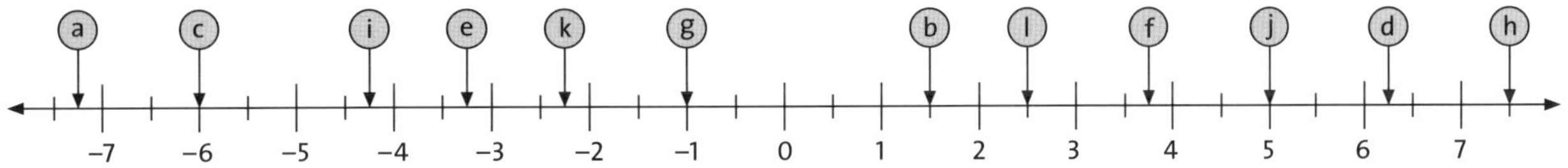

a) ____________ **b)** ____________ **c)** ____________ **d)** ____________ **e)** ____________ **f)** ____________

g) ____________ **h)** ____________ **i)** ____________ **j)** ____________ **k)** ____________ **l)** ____________

➔ Stelle die Zahlen auf der Zahlengeraden dar.

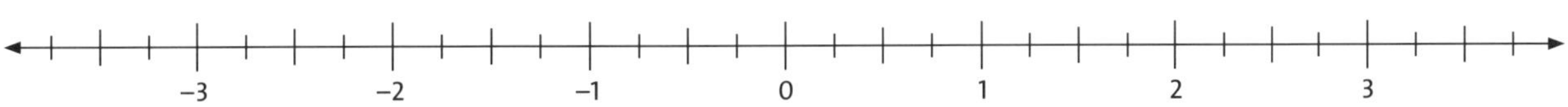

➔ Stelle die Zahlen auf der Zahlengeraden dar.

a) −10,5 **b)** −9,25 **c)** −8 **d)** −6,75 **e)** −5

f) −3,25 **g)** −1,5 **h)** 0 **i)** +2,25 **j)** +3,75

k) +4,5 **l)** +5,25 **m)** +7,75 **n)** +9,5 **o)** +11,25

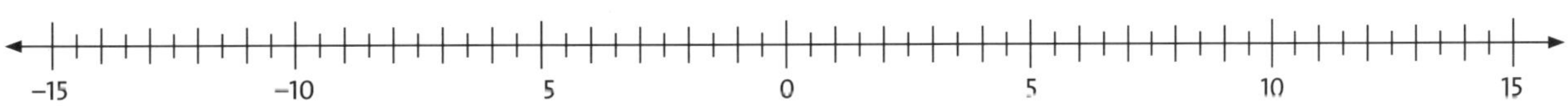

ZAHL UND GEGENZAHL

➔ Hilf Miniwursel, sich an die richtige Stelle zu setzen: Zeichne ihn an die Stelle, an der die Gegenzahl zu Wursels Sitzplatz ist.

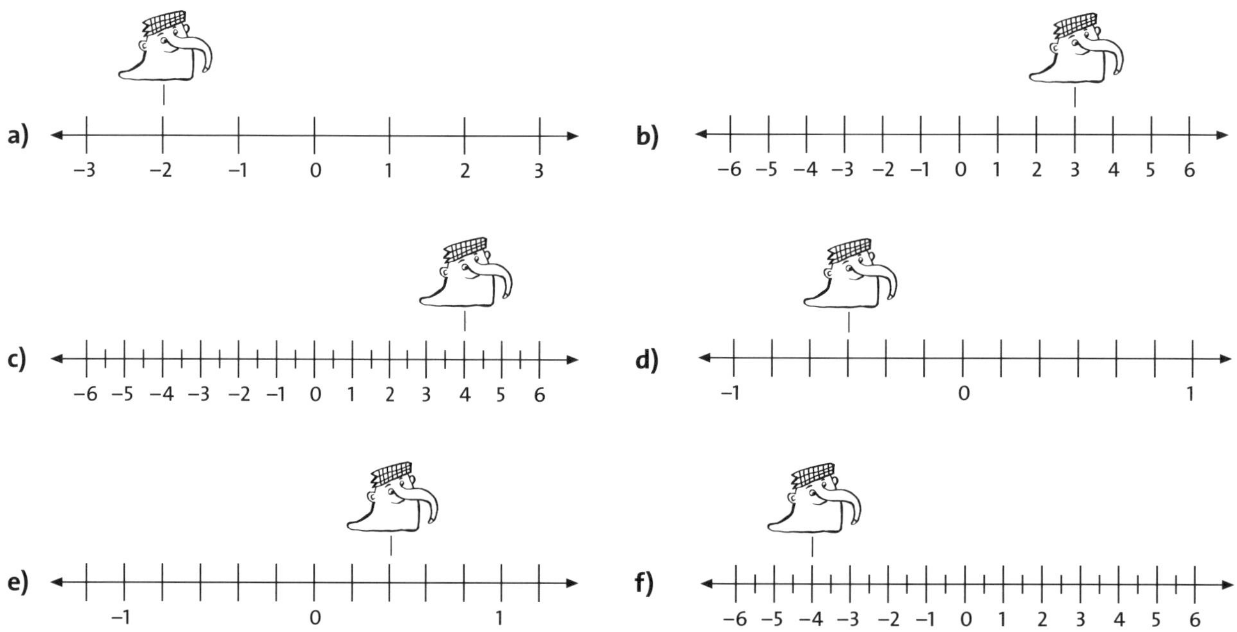

➔ Trage die Gegenzahlen auf der Zahlengeraden ein. Notiere anschließend alle Gegenzahlpaare.

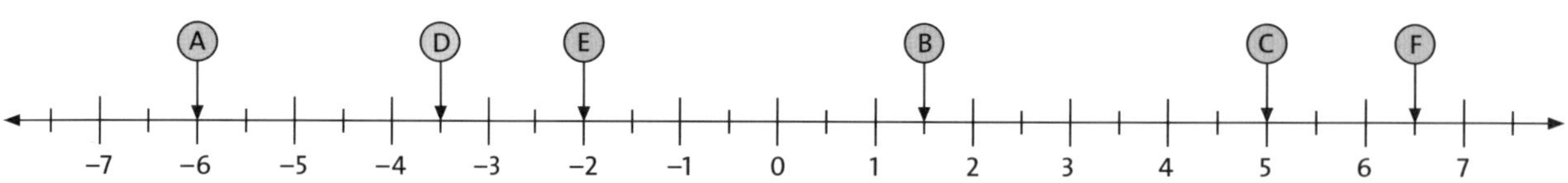

A: ◇◇ B: ◇◇ C: ◇◇

D: ◇◇ E: ◇◇ F: ◇◇

DER BETRAG EINER ZAHL

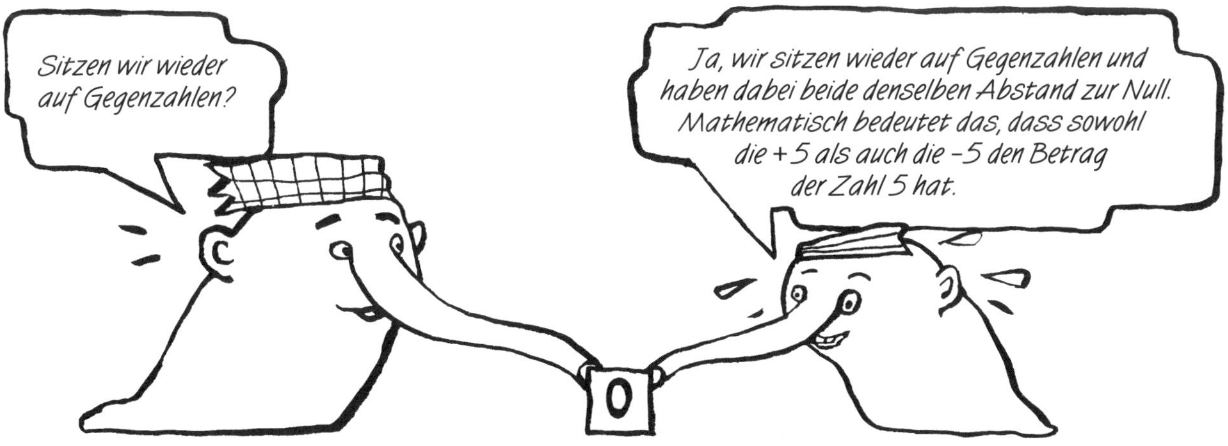

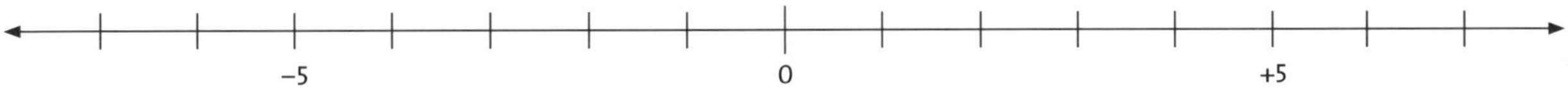

Egal ob positiver oder negativer „Sitzplatz“, der Betrag ist immer positiv.

Beispiel: Sitzplatz auf +4: Man schreibt |+4|, der Betrag ist 4.
Sitzplatz auf –4: Man schreibt |–4|, der Betrag ist 4.

Versuch es selbst einmal.

a)

Sitzplatz	Betrag der Zahl	Ergebnis
–3	|–3|	
+6	|+6|	
+19	|+19|	
–22	|–22|	

b)

Sitzplatz	Betrag der Zahl	Ergebnis
+5	|+5|	
+12	|+12|	
–7	|–7|	
–56	|–56|	

Bestimme alle möglichen Sitzplätze für den Betrag der Zahl.

a)

Betrag	1. Sitzplatz	2. Sitzplatz
3		
7		
15		
29		

b)

Betrag	1. Sitzplatz	2. Sitzplatz
155		
623		
1025		
25 369		

BETRAG UND GEGENZAHLPAARE

Bestimme den Betrag.

a) $|-8| =$ ____ b) $|+1| =$ ____ c) $|+0{,}47| =$ ____

d) $|+15| =$ ____ e) $|-12| =$ ____ f) $|-3{,}98| =$ ____

g) $|+23{,}71| =$ ____ h) $\left|-\frac{6}{15}\right| =$ ____ i) $\left|-\frac{1}{4}\right| =$ ____

Welche Zahlen haben den Betrag?

a) 3 = ____ = ____ b) 1678 = ____ = ____

c) 79 = ____ = ____ d) 0,83 = ____ = ____

e) 17,46 = ____ = ____ f) $3\frac{1}{7}$ = ____ = ____

Lösungen: 23,71 $|-79|$ 8 15 $\left|-3\frac{1}{7}\right|$ $|+3|$ 12 $|-0{,}83|$ $|-3|$ $\frac{1}{4}$ 1 $|+79|$ $|+1678|$ $\left|+3\frac{1}{7}\right|$ $|+17{,}46|$ 3,98 $|+0{,}83|$ 0,47 $|-1678|$ $\frac{6}{15}$ $|-17{,}46|$

Bestimme die Gegenzahlen.

	a)	b)	c)	d)	e)	f)	g)	h)
Zahl	+9	−128 995	$+\frac{1}{9}$	−128	+956,25	$-\frac{11}{55}$	−43,7	+0,04
Gegenzahl								

Lösungen: −956,25 +128 $+\frac{11}{55}$ −0,04 +128 995 +43,7 −9 $-\frac{1}{9}$

GRÖẞER ODER KLEINER?

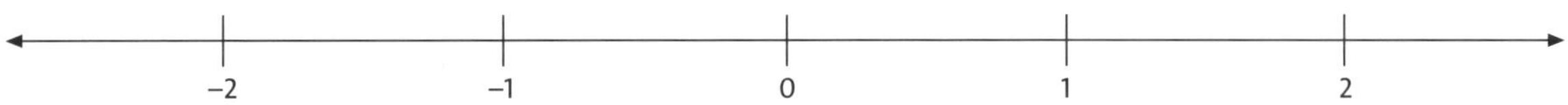

Je weiter rechts eine Zahl auf der Zahlengeraden liegt, desto größer ist diese Zahl.
Je weiter links eine Zahl auf der Zahlengeraden liegt, desto kleiner ist diese Zahl.

Beispiele:

+7 ist größer als +3. Man schreibt: +7 > +3.

+8 ist kleiner als +12. Man schreibt: +8 < +12.

–5 ist größer als –9. Man schreibt: –5 > –9.

–6 ist kleiner als –1. Man schreibt: –6 < –1.

➔ Trage die Zahlen mit einem Pfeil auf der Zahlengeraden ein.

–10; +8; +5; –8; +4; –6; –3; +11; +2; –2; 0; +7; –5; +9

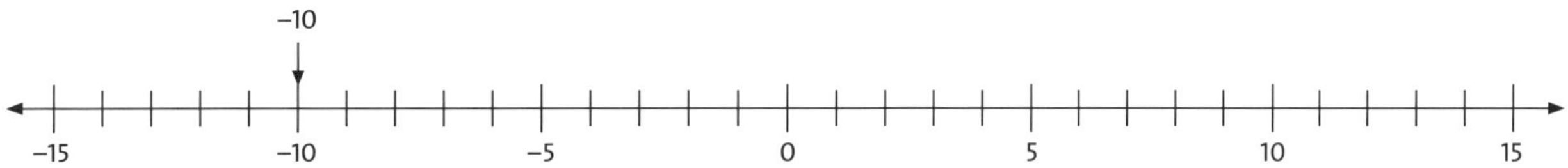

a) Ordne die Zahlen der Größe nach, beginne dabei mit der größten Zahl. Verwende für *größer als* das Zeichen >.

____

b) Ordne die Zahlen der Größe nach, von der kleinsten bis zur größten Zahl. Verwende für *kleiner als* das Zeichen <.

____

GRÖßER- UND KLEINERRELATION

Setze richtig ein: <, > oder =.

a) +3	☐	+12	**b)** +5	☐	−5	**c)** 0	☐	−8,9	**d)** $\left\lvert -\frac{4}{8} \right\rvert$	☐	+0,5
−9	☐	+15	|−11|	☐	|+11|	|−2,7|	☐	+0,75	|+0,98|	☐	−1
−20	☐	+6	|+16|	☐	|−16|	+7,5	☐	$+7\frac{3}{9}$	−8	☐	−7

Wursel hatte die Blätter der Größe nach geordnet – jetzt ist ihm alles wieder durcheinander geraten.

Hilf Wursel, die Blätter wieder richtig zu ordnen und ...

a) ... beginne mit der größten Zahl, verwende >.

____

b) ... beginne mit der kleinsten Zahl, verwende <.

____

WER IST DER GRÖẞTE IM GANZEN LAND?

Wursel hat die Bundesligatabelle auseinander geschnitten, um sie einmal anders zu gestalten. Er möchte die Vereine nach dem Torverhältnis ordnen: Die Mannschaften mit dem besten Torverhältnis sollen oben in der Tabelle stehen und danach sollen die Vereine mit den schlechteren Torverhältnissen folgen.

Hilf Wursel, die Tabelle zu vervollständigen.

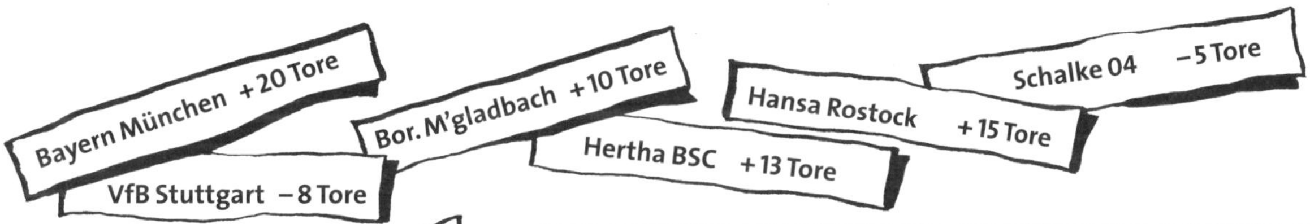

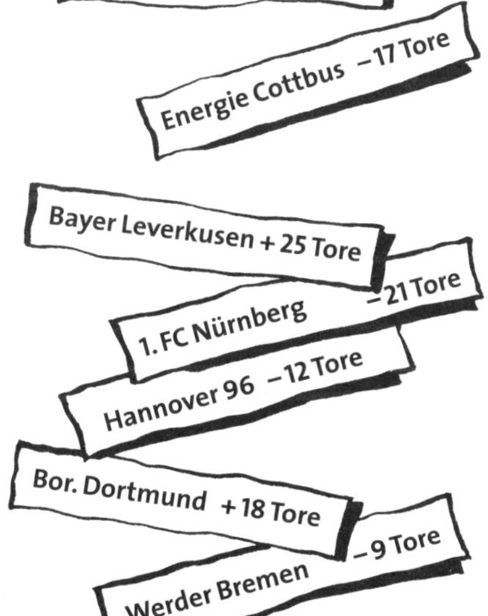

Platz	Verein	Tordifferenz
1.	Bayer Leverkusen	+25
2.		
3.		
4.		
5.		
6.		
7.		
8.		
9.		
10.		
11.		
12.		

Der Aktienkurs hat heute für die Unternehmen aus Fantasien folgende Gewinne und Verluste gebracht:

UWe: + 4,5 % Schlauer: – 1,5 % Alfo: + 2 % Bajo: + 0,5% TeleMa: – 3,75 %

Clemens: + 0,75 % Prillan: – 2,3 % Luftadler: + 3,78 % DMuT: + 2,56 % ToiToi : – 4,89 %

Ordne die Aktienkurse nach der Größe und beginne mit dem Unternehmen, das die meisten Verluste hinnehmen musste.

– 4,89 % (ToiToi) < ______________________________

____

ADDITION GANZER ZAHLEN

Regel 1: 2. Summand ist positiv.
Man geht vom 1. Summanden aus so viele Stellen auf der Zahlengeraden nach rechts, wie der 2. Summand angibt.

Beispiel: (+4) + (+3) = (+7)

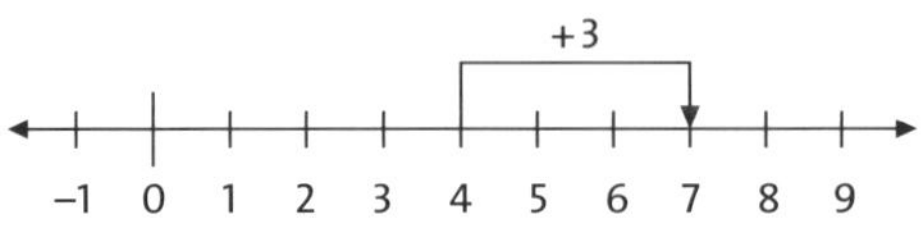

Beispiel: (– 4) + (+3) = (–1)

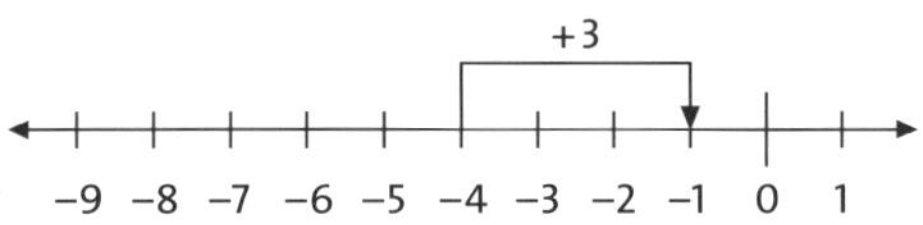

Regel 2: 2. Summand ist negativ.
Man geht vom 1. Summanden aus so viele Stellen auf der Zahlengeraden nach links, wie der 2. Summand angibt.

Beispiel: (+4) + (–3) = (+1)

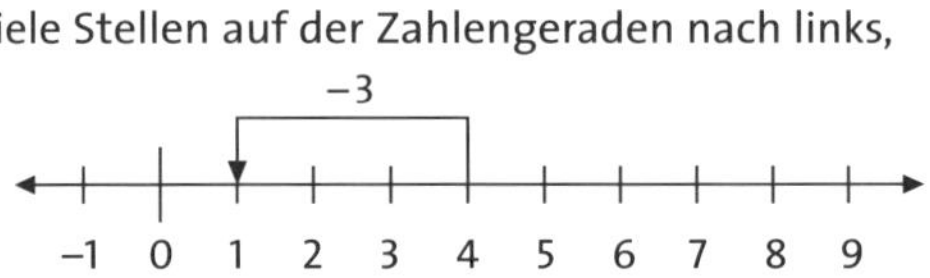

Beispiel: (–4) + (–3) = (–7)

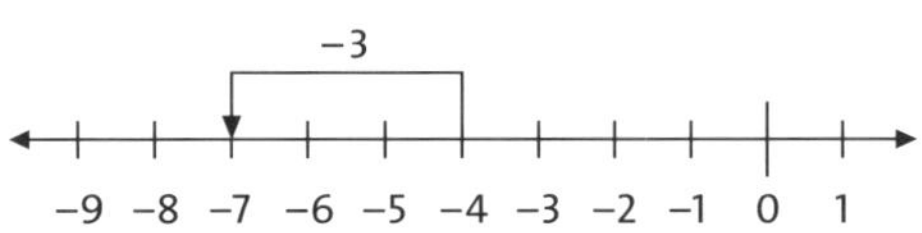

Achte auf den 2. Summanden: **Positiv heißt, nach rechts gehen.** **Negativ heißt, nach links gehen.**

➔ Versuche die Regeln anzuwenden. Gib zuerst den Startpunkt an, dann die Richtung, in die du gehen musst, und schließlich die Anzahl der Stellen. Falls es noch nicht ganz klappt, lies dir die Regeln noch einmal durch.

Aufgabe	Start	Nach rechts	Nach links	Wie viele Stellen?
(+8) + (+2)	+8	x		2
(+6) + (+12)				
(+25) + (+16)				
(–16) + (+11)				
(–25) + (+33)				
(–54) + (+62)				
(+12) + (–65)				
(+52) + (–45)				
(–11) + (–33)				
(–45) + (–24)				

Aufgabe	Start	Nach rechts	Nach links	Wie viele Stellen?
(–86) + (–75)				
(+109) + (+16)				
(–93) + (+88)				
(–11) + (+159)				
(+56) + (–52)				
(–119) + (–100)				
(+257) + (+358)				
(–678) + (+282)				
(+694) + (–598)				
(–359) + (–673)				

DER ZAHLENGERADENRECHNER

Auf diesem Blatt siehst du einen Zahlengeradenrechner. Du kannst ihn benutzen, um dir das Vorgehen beim Rechnen mit ganzen Zahlen besser vorstellen zu können.

So bastelst du dir deinen Zahlengeradenrechner:

- Zuerst schneidest du die beiden Pfeilanzeiger und den Zahlengeradenrechner am Außenrand aus.
- Dann schneidest du entlang der Scheren die Pfeilanzeiger und den Zahlengeradenrechner ein.
- Nun steckst du einen Pfeil mit den Laschen nach unten in die obere eingeschnittene Linie.
- Den zweiten Pfeil steckst du wie den ersten in die untere eingeschnittene Linie.

Und so benutzt du den Zahlengeradenrechner:

Du hast z. B. die Aufgabe: **(+ 3) + (– 5)**

- Schiebe den unteren Pfeil auf den Startpunkt (hier: **+ 3**).
- Schiebe den oberen Pfeil auf den Startpunkt (hier: **+ 3**).
- Sieh nach, ob der 2. Summand positiv oder negativ ist.
- Bei *positivem 2. Summanden* bewegst du den oberen Pfeil so viele Stellen, wie der 2. Summand angibt, nach *rechts*.
- Bei *negativem 2. Summanden* bewegst du den oberen Pfeil so viele Stellen, wie der 2. Summand angibt, nach *links* (hier: **5 Stellen nach links**).
- Nun brauchst du nur noch die Stelle, auf die der obere Pfeil auf der Zahlengeraden zeigt, abzulesen.
  Im Beispiel ist es die **– 2**.

Ergebnis: **(+3) + (–5) = –2**

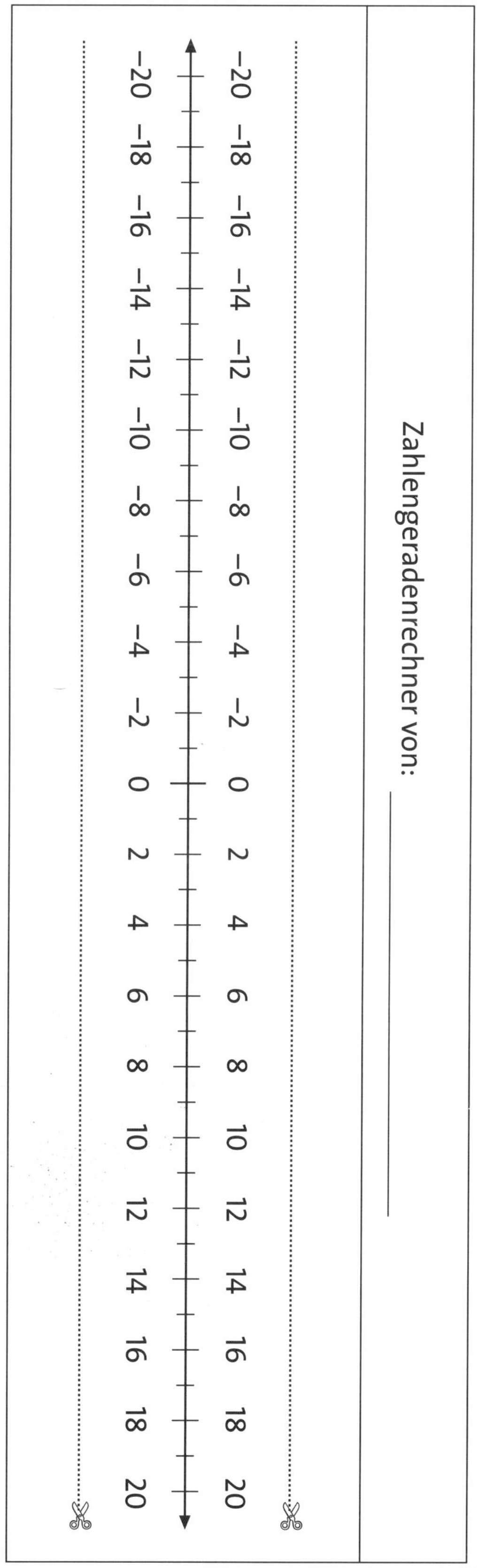

Pfeile:

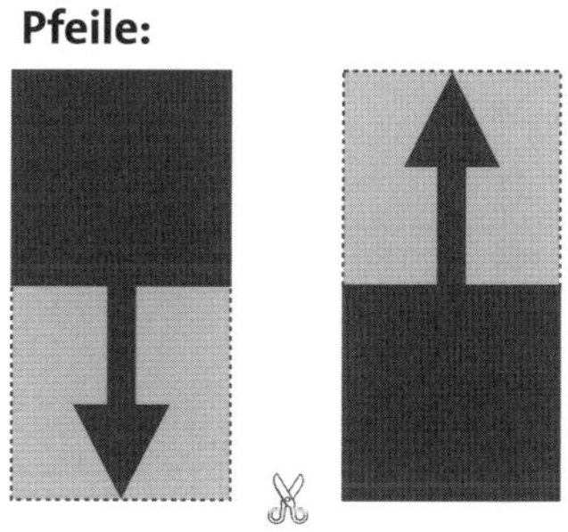

AUFGABEN ZUR ADDITION GANZER ZAHLEN

➔ **a)**

$(-4) + (+2) =$ ______

$(+9) + (-11) =$ ______

$(-5) + (+19) =$ ______

$(+18) + (-22) =$ ______

$(+10) + (+11) =$ ______

$(-17) + (+23) =$ ______

$(-13) + 0 =$ ______

$0 + (-17) =$ ______

b)

$(-3) + (+6) =$ ______

$(-9) + (+7) =$ ______

$(-6) + (-4) =$ ______

$(-16) + (-1) =$ ______

$(+22) + (-35) =$ ______

$(-18) + (+40) =$ ______

$(+8) + 0 =$ ______

$(-14) + (+30) =$ ______

➔ Löse das Eckenlabyrinth.

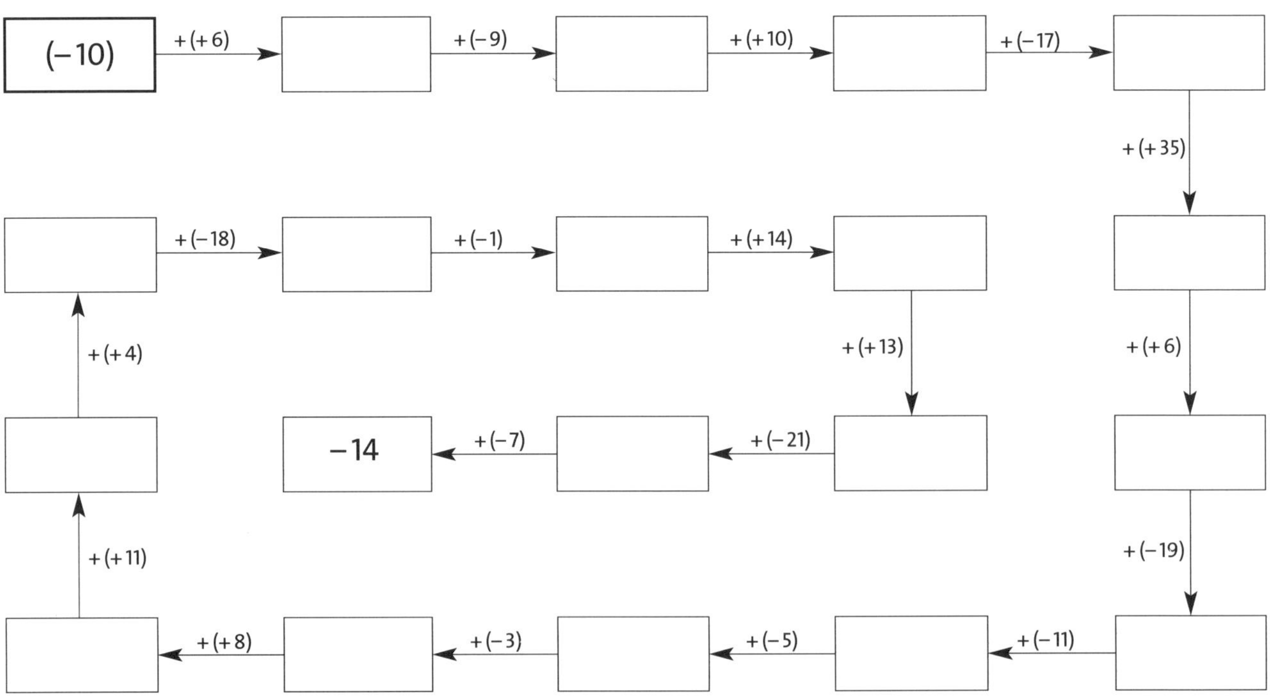

AUFGABEN ZUR ADDITION RATIONALER ZAHLEN

Die Wursels üben auf der Bowlingbahn für den großen Bowlingwettbewerb. Welcher Wursel trifft welchen Kegel? Ordne die Aufgaben den richtigen Ergebnissen zu.

Wenn du die folgenden Aufgaben ausrechnest, erfährst du, wie viele Punkte die fünf besten Wursels beim Bowlingwettbewerb erzielt haben. Schreibe in die Pokale, welcher Wursel welchen Platz belegt.

Sieger des großen Wursel-Bowlingwettbewerbs in Wurselhausen

Wursel: $(-9{,}3) + (-5{,}8) =$ ☐

Wurselina: $(+14{,}5) + (-27{,}3) =$ ☐

Wurbo: $(-2{,}53) + (+3{,}69) =$ ☐

Wurbi: $(-333{,}6) + (+351{,}4) =$ ☐

Wursi: $\left(-17\frac{4}{5}\right) + \left(+22\frac{7}{10}\right) =$ ☐

SIEGER ist ____________ .

MEHR ZUR ADDITION RATIONALER ZAHLEN

	Aufgabe mit Lösung	Ja, das Ergebnis ist richtig!	Nein, das richtige Ergebnis ist:
a)	$(+29{,}75) + (-37{,}25) = (-7{,}5)$		
b)	$(+27) + (-63) = (+36)$		
c)	$(-895) + (+437) = (-1332)$		
d)	$(+3\,\frac{4}{5}) + (-1\,\frac{2}{3}) = (+2\,\frac{2}{15})$		
e)	$(+4{,}85) + (-\frac{1}{2}) = (+4{,}35)$		
f)	$(-5\,\frac{1}{4}) + (-0{,}75) = (-4{,}5)$		
g)	$(+0{,}92) + (+0{,}05) = (+0{,}97)$		
h)	$(+2{,}73) + (-2{,}73) = (+5{,}46)$		
i)	$(+5{,}4) + (-3{,}8) = (+1{,}6)$		
j)	$(+4\,\frac{1}{2}) + (-5{,}7) = (+10{,}2)$		
k)	$(+75{,}1) + (-20\,\frac{3}{4}) = (+54{,}35)$		
l)	$(-\frac{7}{2}) + (+3{,}5) = (-7)$		
m)	$(-16{,}3) + (+\frac{2}{8}) = (-19{,}1)$		
n)	$(-12{,}9) + (-18{,}5) = (-31{,}4)$		
o)	$(+8) + (-2\,\frac{3}{4}) = (+5\,\frac{1}{4})$		
p)	$(-\frac{3}{5}) + (-0{,}75) = (+1\,\frac{7}{20})$		
q)	$(-18\,\frac{1}{4}) + (-15{,}6) = (-33{,}85)$		
r)	$(-9{,}04) + (-10{,}09) = (+19{,}13)$		

SUBTRAKTION GANZER ZAHLEN

Man subtrahiert eine Zahl, indem man aus der Aufgabe eine Addition macht und von der 2. Zahl die Gegenzahl bildet.

Aus minus wird plus.

(+4) – (–9) = (+4) + (+9) = (+13)

Es wird die Gegenzahl gebildet.

Und dann einfach addieren.

Beispiele:

(+4) – (+9) = (+4) + (–9) = (–5)
(+4) – (–9) = (+4) + (+9) = (+13)
(–4) – (+9) = (–4) + (–9) = (–13)
(–4) – (–9) = (–4) + (+9) = (+5)

➔ Versuche die Regel anzuwenden. Falls es noch nicht ganz klappt, lies dir die Regel noch einmal durch.

Aufgabe	Forme um.	Lösung
(+8) – (+2)		
(+6) – (+12)		
(+25) – (+16)		
(–16) – (+11)		
(–25) – (+33)		
(–54) – (+62)		
(+12) – (–65)		
(+52) – (–45)		
(–11) – (–33)		
(–45) – (–24)		

Aufgabe	Forme um.	Lösung
(–86) – (–75)		
(+109) – (+18)		
(–93) – (+88)		
(–11) – (+159)		
(+56) – (–52)		
(–119) – (–100)		
(+252) – (+358)		
(–678) – (+282)		
(+694) – (–598)		
(–359) – (–632)		

➔ Berechne die fehlenden Zahlen.

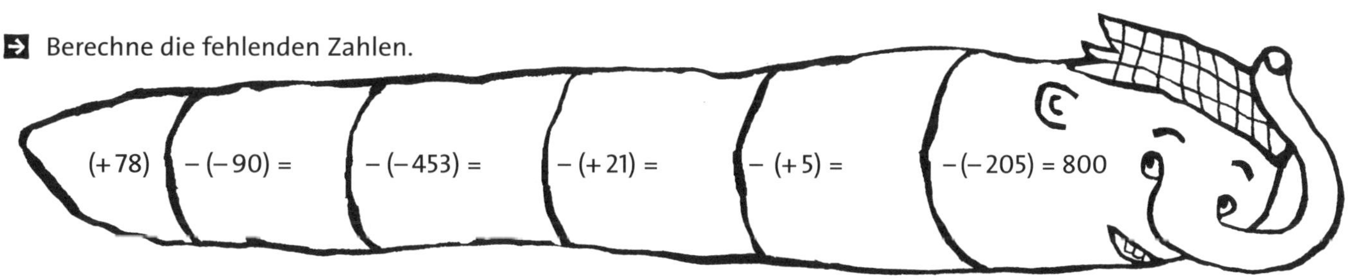

AUFGABEN ZUR SUBTRAKTION GANZER ZAHLEN

➔ **a)**

$(-6) - (+2)$ = ______ = ______

$(+7) - (-11)$ = ______ = ______

$(-8) - (+19)$ = ______ = ______

$(+19) - (-22)$ = ______ = ______

$(+20) - (+11)$ = ______ = ______

$(-13) - (+23)$ = ______ = ______

$(-22) - 0$ = ______ = ______

$0 - (-37)$ = ______ = ______

b)

$(-5) - (+6)$ = ______ = ______

$(-14) - (+7)$ = ______ = ______

$(-16) - (-4)$ = ______ = ______

$(-26) - (-1)$ = ______ = ______

$(+42) - (-35)$ = ______ = ______

$(-61) - (+40)$ = ______ = ______

$(+18) - 0$ = ______ = ______

$(-14) - (+30)$ = ______ = ______

➔ Löse die Aufgaben im Labyrinth.

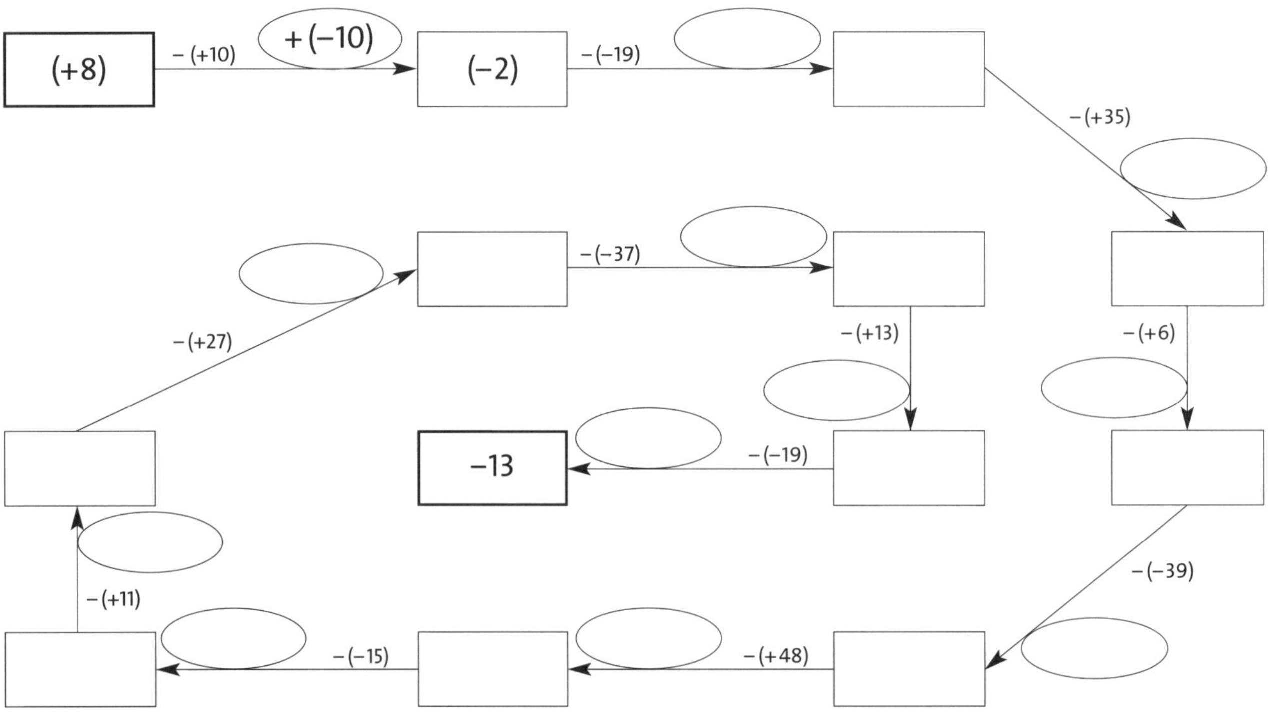

AUFGABEN ZUR SUBTRAKTION RATIONALER ZAHLEN

➔ Die Wursels üben auf der Bowlingbahn für den großen Bowlingwettbewerb. Welcher Wursel trifft welchen Kegel? Ordne die Aufgaben den richtigen Ergebnissen zu.

➔ Wenn du die folgenden Aufgaben ausrechnest, erfährst du, wie viele Punkte die fünf besten Wursels beim Bowlingwettbewerb erzielt haben. Schreibe in die Pokale, welcher Wursel welchen Platz belegt.

Sieger des großen Wursel-Bowlingwettbewerbs in Wurselhausen

Wursel: (−4,5) − (−20,32) = ☐ 

Wurselina: (+1008) − (+987) = ☐ 

Wurbo: (+20,8) − (+19,99) = ☐ 

Wurbi: $\left(-248\frac{2}{3}\right) - \left(-301\frac{5}{6}\right)$ = ☐ 

Wursi: $\left(-7\frac{14}{7}\right) - \left(+2\frac{6}{7}\right)$ = ☐ 

SIEGER ist __________. 

MEHR ZUR SUBTRAKTION RATIONALER ZAHLEN

	Aufgabe mit Lösung	Ja, das Ergebnis ist richtig!	Nein, das richtige Ergebnis ist:
a)	$(+29{,}75) - (-37{,}25) = (+67)$		
b)	$(+27) - (-63) = (-36)$		
c)	$(-895) - (+437) = (-458)$		
d)	$(+3\,\frac{4}{5}) - (-1\,\frac{2}{3}) = (+4{,}8)$		
e)	$(+4{,}85) - (-\frac{1}{2}) = (+5{,}35)$		
f)	$(-5\,\frac{1}{4}) - (-0{,}75) = (-6)$		
g)	$(+0{,}92) - (+0{,}05) = (+0{,}97)$		
h)	$(+2{,}73) - (-2{,}73) = (+5{,}46)$		
i)	$(+5{,}4) - (-3{,}8) = (+9{,}2)$		
j)	$(+4\,\frac{1}{2}) - (-5{,}7) = (-1{,}2)$		
k)	$(+75{,}1) - (-20\,\frac{3}{4}) = (+54{,}35)$		
l)	$(-\frac{7}{2}) - (+3{,}5) = (-7)$		
m)	$(-16{,}3) - (+\frac{2}{8}) = (-16{,}55)$		
n)	$(-12{,}9) - (-18{,}5) = (+5{,}6)$		
o)	$(+8) - (-2\,\frac{3}{4}) = (+10\,\frac{3}{4})$		
p)	$(-\frac{3}{5}) - (-0{,}75) = (-0{,}15)$		
q)	$(-18\,\frac{1}{4}) - (-15{,}6) = (-33{,}85)$		
r)	$(-9{,}04) - (-10{,}09) = (-1{,}05)$		

RATIONALES ZAHLENQUIZ

	Betrag und Gegenzahlen	Größer-/Kleiner-relation	Addition	Subtraktion	
20	Bilde die Gegenzahl zu: (-21)	$+9$ □ -4	$(+11)+(-16)=$	$(+25)-(+12)=$	20
40	Bilde den Betrag von: $\|+3{,}5\|$	-13 □ -7	$(-19)+(-35)=$	$(-60)-(-44)=$	40
60	Welche Zahlen haben den Betrag: 25,357	$-\frac{3}{4}$ □ $-\frac{4}{5}$	$(-20{,}86)+(+15{,}34)=$	$(+39{,}85)-(+14{,}93)=$	60
80	Bilde die Gegenzahl zu: $+\left(-\left\|-\frac{9}{12}\right\|\right)$	$+\|-6{,}25\|$ □ $+\left\|+\frac{25}{4}\right\|$	$\left(+\frac{3}{4}\right)+\left(-\frac{6}{9}\right)+\left(-\frac{12}{8}\right)=$	$\left(-\frac{9}{14}\right)-\left(-\frac{11}{7}\right)-\left(+\frac{3}{4}\right)=$	80
100	Welche Gegenzahl hat die Zahl Null?	$-\frac{12}{5}$ □ $-(+2{,}4)$ □ $+\left(-2\frac{2}{5}\right)$ □ $-\left\|-\frac{36}{15}\right\|$	$\left(+\left\|+\frac{1}{2}\right\|\right)+\left(-\left\|+\frac{3}{5}\right\|\right)+\left(-\left\|-\frac{3}{4}\right\|\right)+(+\|-12{,}5\|)=$	$(-\|-14{,}25\|)-\left(-\left\|+\frac{2}{5}\right\|\right)-\left(+\left\|+\frac{12}{2}\right\|\right)-(+\|-3{,}75\|)=$	100

KOMMUTATIVGESETZ

Für alle rationalen Zahlen gilt, dass man bei der Addition die Reihenfolge der Summanden beliebig ändern darf: $a + b = b + a$. Diese Regel nennt man **Kommutativgesetz**.

Beispiel: $(+9) + (-4) = (-4) + (+9) = (+5)$

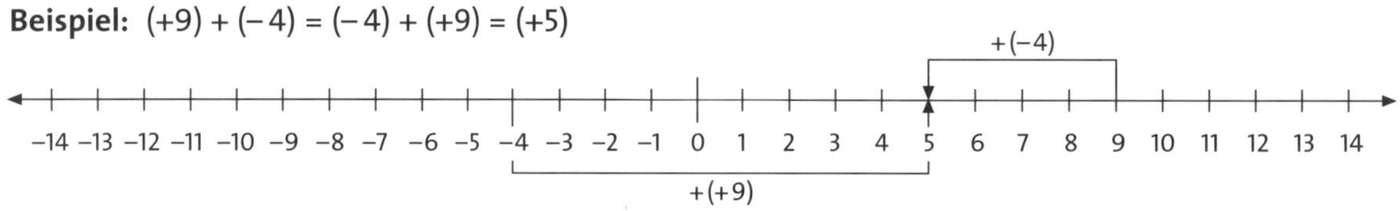

Forme um und rechne aus.

a) $(+5) + (+3) =$ ______ = ______

b) $\left(+\frac{1}{2}\right) + \left(+\frac{3}{4}\right) =$ ______ = ______

c) $(-9) + (+6) =$ ______ = ______

d) $\left(+\frac{2}{6}\right) + \left(-\frac{6}{2}\right) =$ ______ = ______

e) $(+12) + (-3) =$ ______ = ______

f) $\left(-\frac{12}{6}\right) + \left(-\frac{1}{8}\right) =$ ______ = ______

g) $(-2) + (-12) =$ ______ = ______

h) $\left(-\frac{4}{3}\right) + \left(+\frac{3}{9}\right) =$ ______ = ______

i) $(+3{,}5) + (+1{,}7) =$ ______ = ______

j) $\left(+\frac{3}{4}\right) + (+0{,}75) =$ ______ = ______

k) $(-5{,}2) + (-12{,}2) =$ ______ = ______

l) $(-12) + (-0{,}33) =$ ______ = ______

m) $(-15{,}7) + (+15) =$ ______ = ______

n) $(+4{,}8) + (-115{,}1) =$ ______ = ______

o) $(-0{,}44) + (+2{,}1) =$ ______ = ______

p) $(+0{,}12) + (-0{,}12) =$ ______ = ______

Lösungen: $+8$ 0 $+1{,}5$ $-12{,}33$ -3 -1 $-110{,}3$ $+9$
$-0{,}7$ $+5{,}2$ $+1{,}66$ -14 $-17{,}4$ $-2\frac{1}{8}$ $-2\frac{2}{3}$ $+1\frac{1}{4}$

ASSOZIATIVGESETZ

Für die Addition rationaler Zahlen gilt, dass man für Summen mit mehr als zwei Summanden beliebig Teilsummen bilden kann: $(a + b) + c = a + (b + c)$.
Diese Regel nennt man **Assoziativgesetz**.

Beispiel:
[(+9) + (−7)] + (−4) =
(+9) + [(−7) + (−4)] =
(−2)

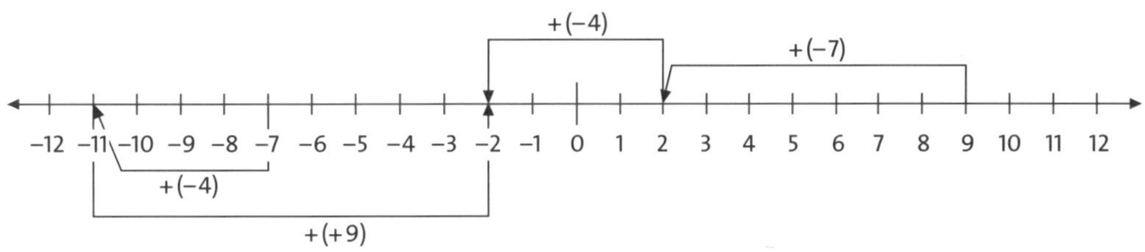

Forme um und rechne aus.

a) [(+ 9) + (+ 6)] + (+ 17) = __________ = __________

b) [(− 12) + (+ 3)] + (− 5) = __________ = __________

c) __________ = (+ 55) + [(− 19) + (− 38)] = __________

d) [(+ 3,5) + (− 4,2)] + (+ 18,5) = __________ = __________

e) __________ = (− 9,45) + [(− 15,62) + (8,3)] = __________

f) [(− 0,25) + (− 13,56)] + (+80,9) = __________ = __________

g) $[(+\frac{1}{2}) + (+\frac{1}{4})] + (+\frac{3}{4})$ = __________ = __________

h) __________ = $\left(+\frac{2}{6}\right) + \left[\left(-\frac{1}{3}\right) + \left(+\frac{7}{9}\right)\right]$ = __________

i) __________ = $\left(-\frac{5}{12}\right) + \left[\left(-\frac{13}{24}\right) + (-\frac{3}{4})\right]$ = __________

j) $[(+9{,}5) + (-\frac{6}{10})] + (+\frac{3}{2})$ = __________ = __________

k) __________ = $(-12{,}8) + \left[\left(-\frac{7}{5}\right) + \left(-\frac{13}{2}\right)\right]$ = __________

Lösungen: $-1\frac{17}{24}$ +67,09 −2 −14 +10,4 +17,8 $+20\frac{7}{10}$ −16,77 +32 $+1\frac{1}{2}$ $+\frac{7}{9}$

KLAMMERREGELN

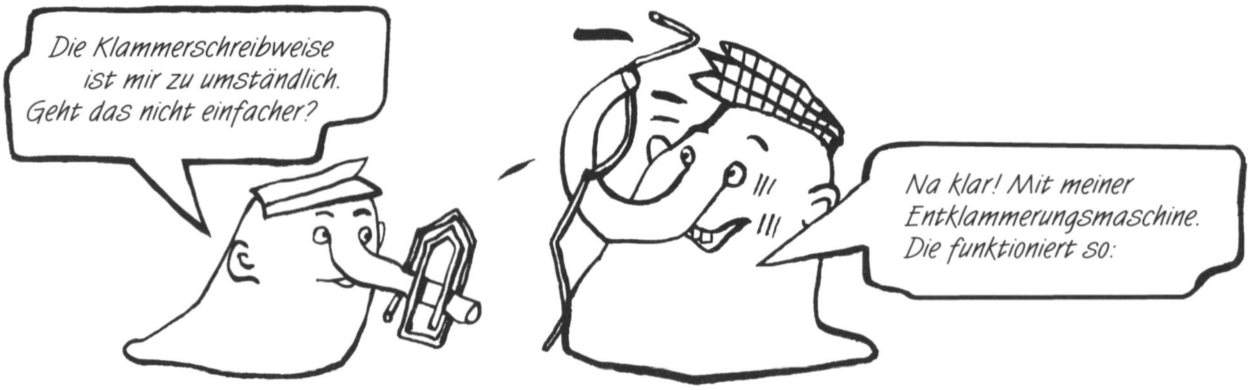

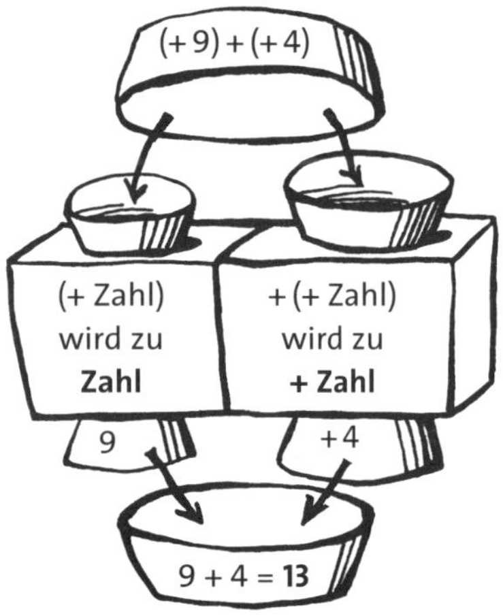

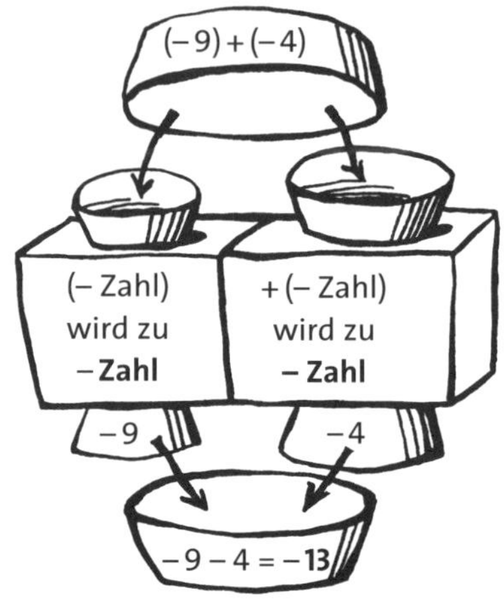

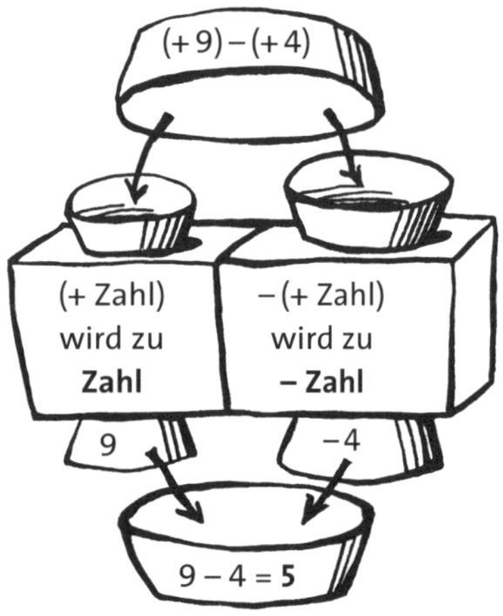

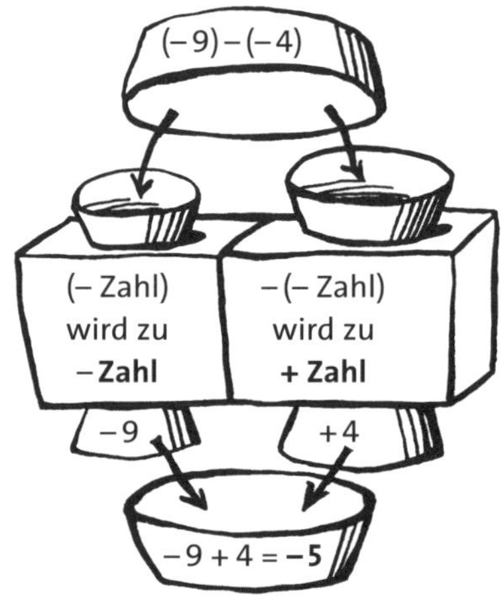

➔ Versuche die Regeln anzuwenden. Falls es noch nicht ganz klappt, lies dir die Regeln noch einmal durch.

a)	(+15) = ______	**b)**	+(+20) = ______	**c)**	(+7) + (+11)	= ____________	=	______
	(+7) = ______		+(+12) = ______		(−3) + (+1)	= ____________	=	______
	(−1) = ______		−(+4) = ______		(+8) − (+4)	= ____________	=	______
	(+3,6) = ______		+(−1) = ______		(+10) + (−20)	= ____________	=	______
	(−243) = ______		−(−5) = ______		(−12) + (−12)	= ____________	=	______
	$\left(+\frac{5}{6}\right)$ = ______		+(−5,2) = ______		(−3) − (−4)	= ____________	=	______

AUFGABEN ZU DEN KLAMMERREGELN

➔ Löse die Klammern auf und rechne aus.

a) $(+27) + (+38)$ = ______ = ______ $(-75) + (+29)$ = ______ = ______

$(+119) + (-41)$ = ______ = ______ $(-33) + (-86)$ = ______ = ______

b) $(+65) - (+67)$ = ______ = ______ $(-91) - (+44)$ = ______ = ______

$(+17) - (-57)$ = ______ = ______ $(-73) - (-61)$ = ______ = ______

c) $(+3{,}8) + (-8{,}6)$ = ______ = ______ $(+9{,}8) - (+6{,}2)$ = ______ = ______

$(-4{,}5) + (-5{,}3)$ = ______ = ______ $(-1{,}7) - (-8{,}9)$ = ______ = ______

d) $\left(+\frac{1}{2}\right) + \left(-\frac{3}{4}\right)$ = ______ = ______ $\left(+\frac{5}{7}\right) - \left(-\frac{4}{6}\right)$ = ______ = ______

$\left(-\frac{9}{10}\right) + \left(+\frac{1}{4}\right)$ = ______ = ______ $\left(-\frac{3}{8}\right) - \left(-\frac{9}{32}\right)$ = ______ = ______

➔ Löse zuerst die Klammern auf und rechne anschließend die Aufgabe aus.

a) $(+16) - (+4) + (-7) - (-6) - (+8) + (+95)$ = ______

______

b) $(+19) - (+3) + (-9) - (-10) - (+12) + (+78)$ = ______

______

c) $55 - (-23) - (+61) + (+17) - 33 + 25$ = ______

______

d) $47 - (-43) + (+72) - (+28) - 26 + 34$ = ______

______

e) $|-11| + (-12) + (-38) - (-25) + |+18| - (+6) + 3 - |-8|$ = ______

______

DAS ZAHLENGERADENRENNSPIEL

Rechts auf diesem Blatt findest du ein Zahlengeradenrennspielfeld. Nimm einen Radiergummi oder einen Anspitzer als Spielfigur und setze ihn auf den Startpunkt, also auf den Punkt, der zu Beginn als **Start** genannt wird.

Lass dir von deinem Nachbarn eine der Aufgaben diktieren. Hör genau zu und setze deine Spielfigur jeweils auf das Feld, das herauskommt, wenn du die genannten Zahlen addierst oder subtrahierst.

Dein Partner fragt dich während des Rennens nach Zwischenergebnissen (**Stopp**). Bei richtigem Zwischenergebnis erhältst du +10 Punkte und bei falschem −10 Punkte. Notiere dir deine Punkte.

Solltest du dich einmal verrechnet haben, warte ab, bis ein Zwischenergebnis genannt wird, und mach von dort aus weiter. Leider musst du dir dann auch −10 Punkte aufschreiben.

Befindest du dich am Ende des Rennens auf dem richtigen Feld (**Ziel**), erhältst du hierfür +20 Punkte.

Nun kannst du deine Gesamtpunktzahl errechnen und deinem Partner die nächste Aufgabe diktieren.

Das Spiel kann man auch mit der ganzen Klasse spielen, wobei der Lehrer oder ein Schüler die Aufgaben diktiert.

Start		Stopp	
−2	+5 − 12 − 14 + 7	**−16**	+20 − 32 + 11 + 18

Stopp		Ziel
+1	−15 + 29 − 45 + 52 − 8 + 3 =	**+17**

Start		Stopp	
+19	−27 + 15 − 37 + 23	**−7**	+16 − 35 + 10 + 13

Stopp		Ziel
−3	+4 − 11 − 6 − 3 + 48 − 25 =	**+4**

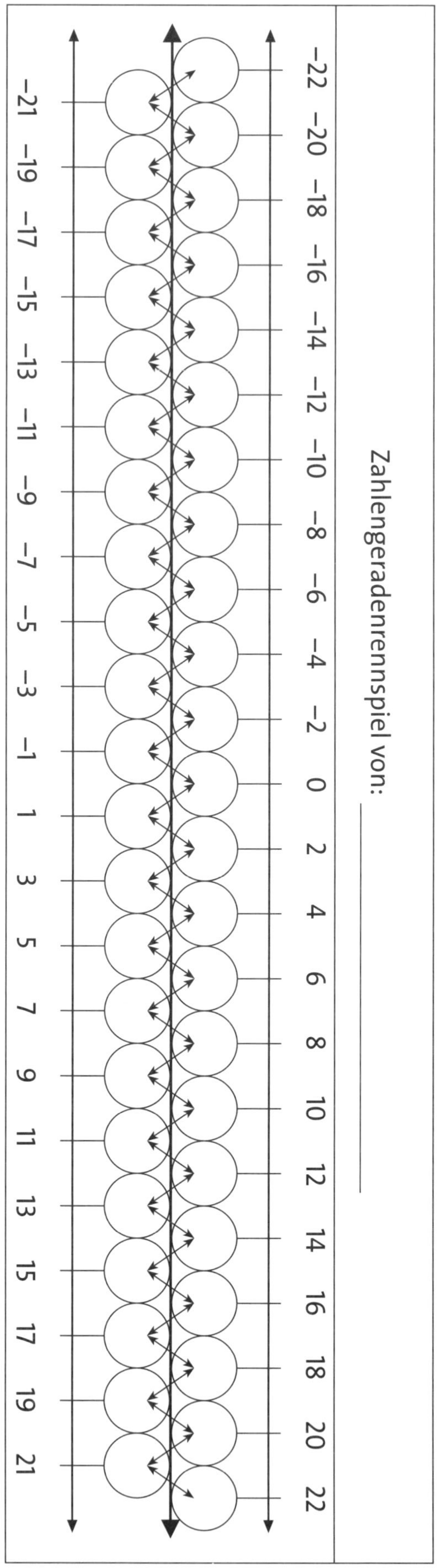

AUFGABEN FÜR DAS ZAHLENGERADENRENNSPIEL

➔ Arbeite mit deinem Nachbarn. Diktiert euch gegenseitig die Aufgaben und zählt eure Punkte zusammen.

Start		Stopp		Stopp
15	−32 − 3 + 29 − 14 − 9 + 13	**−1**	+ 19 + 2 − 40 + 17 − 15 − 4 + 37	**+15**

	Stopp		Ziel
−23 − 11 + 3 + 6 + 2 − 10	**−18**	+ 16 − 21 + 31 − 27 − 1 + 4 =	**−16**

Start		Stopp		Stopp
0	−3 + 20 − 11 − 19 − 3 − 2	**−18**	+ 40 − 29 + 18 − 22 + 11 − 17 − 4	**−21**

	Stopp		Ziel
+ 31 − 24 − 7 + 16 + 9 + 14 − 12	**+6**	−17 − 10 + 5 + 20 + 13 + 2 − 25 + 7 − 1 =	**0**

➔ Denkt euch eigene Rennspielaufgaben mit drei Zwischenstopps aus.

➔ Löse die einzelnen Aufgaben und schreibe die Lösungen in die Kästchen.

a)

−17 →(+5)→ ☐ →(−4)→ ☐ →(−3)→ ☐ →(+20)→ ☐

↓ (+15)

☐ ←(−39)← ☐ ←(+24)← ☐ ←(−8)← ☐ ←(−11)← ☐

↓ (+6)

☐ →(−10)→ ☐ →(+40)→ ☐ →(−13)→ ☐ →(+8)→ +13

b)

+20 →(−15)→ ☐ →(−10)→ ☐ →(−13)→ ☐ →(+25)→ ☐

↓ (−9)

☐ ←(−4)← ☐ ←(+23)← ☐ ←(−7)← ☐ ←(−6)← ☐

↓ (+0)

☐ →(+14)→ ☐ →(+3)→ ☐ →(−37)→ ☐ →(−1)→ −17

ADDITION UND SUBTRAKTION

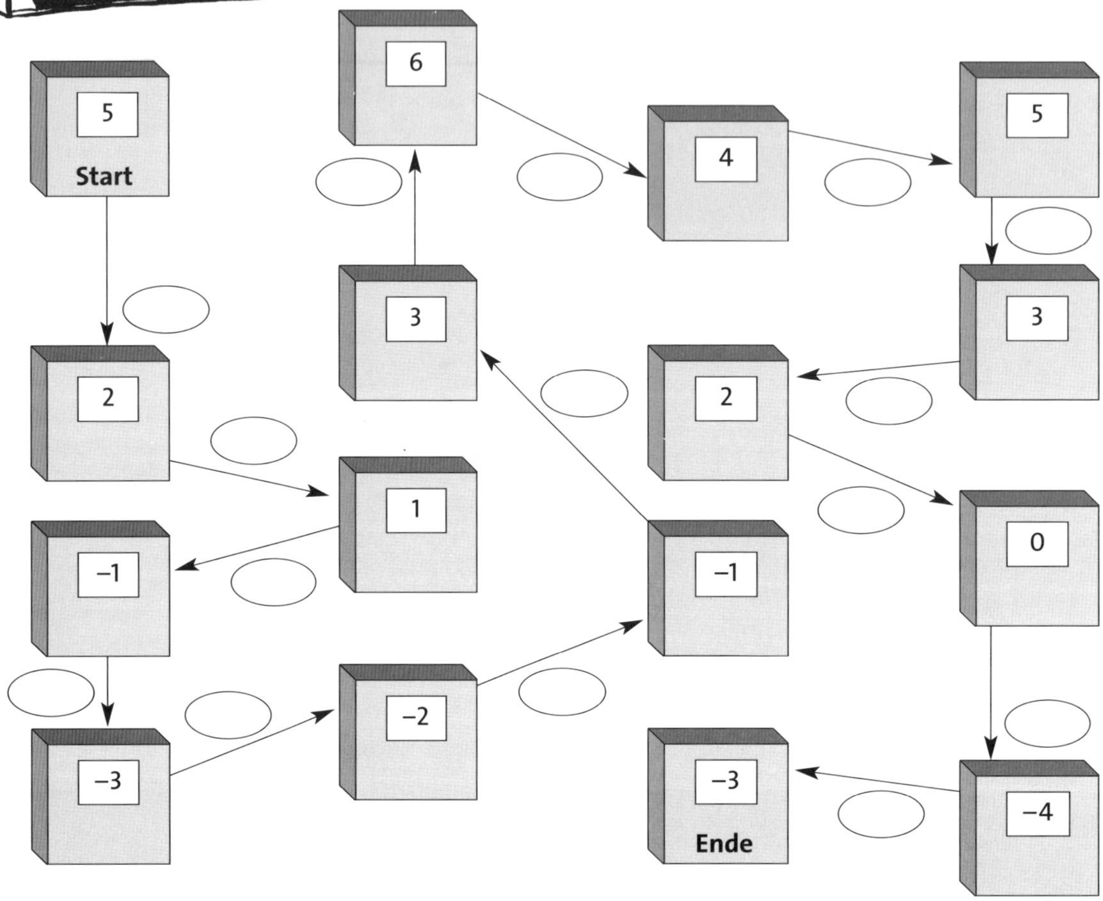

Rechne die Aufgaben aus, schreibe die Einzelergebnisse in die Kästchen unten und addiere sie miteinander. Hast du richtig gerechnet?

A: $76{,}5 + (-100{,}4) =$

B: $-5{,}55 + (-623{,}8) =$

F: $-6\frac{1}{5} - (-12{,}8) =$

C: $-2{,}5 + 45{,}3 - (-7{,}2) =$

D: $\frac{2}{8} + \frac{16}{32} - \frac{120}{160} =$

E: $3\frac{8}{4} - \left(-12\frac{3}{10}\right) + \left(-\frac{4}{5}\right) =$

A ______ + B ______ + C ______ + D ______ + E ______ + F ______ = –580,15

AUFGABEN ZUR MULTIPLIKATION GANZER ZAHLEN

Beispiel: $(+1) \cdot (+3) = +3$

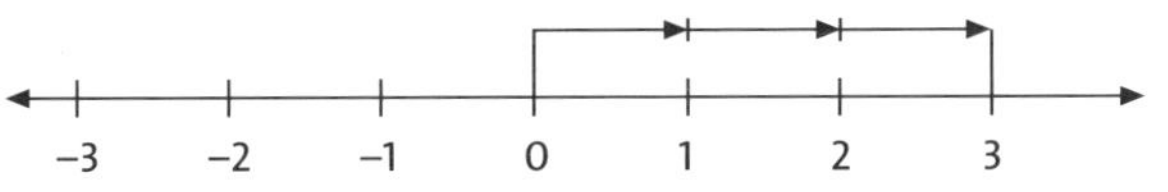

➔ Rechne aus und stelle die Aufgaben an der Zahlengeraden dar.

a) $(+5) \cdot (+3) =$

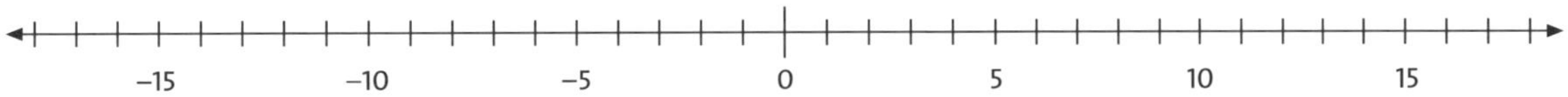

b) $(-4) \cdot (+4) =$

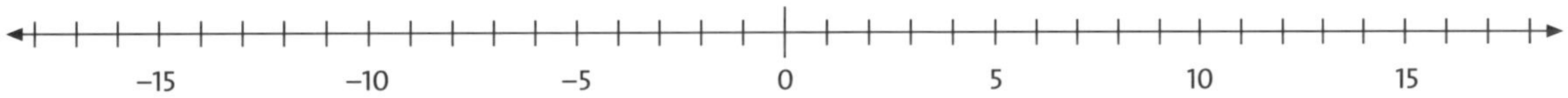

c) $(+3) \cdot (-6) =$

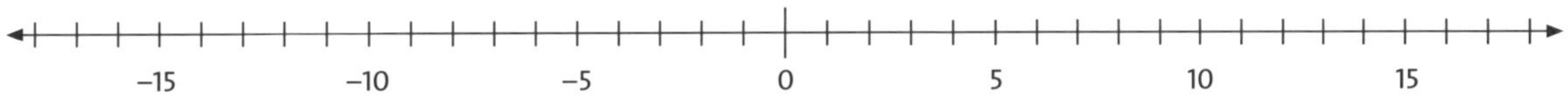

d) $(-7) \cdot (-2) =$

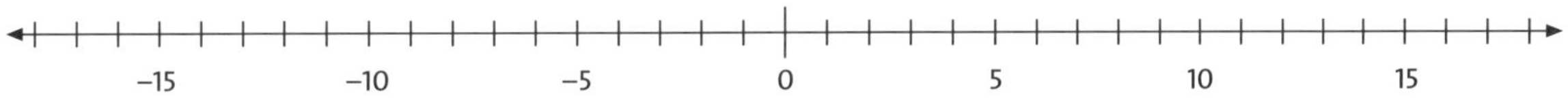

(+Zahl) · (+Zahl) = (+Zahl)
(–Zahl) · (+Zahl) = (–Zahl)
(+Zahl) · (–Zahl) = (–Zahl)
(–Zahl) · (–Zahl) = (+Zahl)

➔ **a)**

$(+4) \cdot (+2) =$ __________

$(+9) \cdot (+11) =$ __________

$(-5) \cdot (+19) =$ __________

$(-8) \cdot (-12) =$ __________

$(+10) \cdot (-7) =$ __________

$(+17) \cdot (-3) =$ __________

$(-13) \cdot (-6) =$ __________

$(-25) \cdot (-7) =$ __________

b)

$(-3) \cdot (+6) =$ __________

$(-9) \cdot (+7) =$ __________

$(-6) \cdot (-4) =$ __________

$(-16) \cdot (-1) =$ __________

$(+22) \cdot (-35) =$ __________

$(-18) \cdot (+40) =$ __________

$(+8) \cdot (-27) =$ __________

$(-14) \cdot (+30) =$ __________

AUFGABEN ZUR MULTIPLIKATION RATIONALER ZAHLEN

➔ Die Wursels üben auf der Bowlingbahn für den großen Bowlingwettbewerb. Welcher Wursel trifft welchen Kegel? Ordne die Aufgaben den richtigen Ergebnissen zu.

➔ Wenn du die folgenden Aufgaben ausrechnest, erfährst du, wie viele Punkte die fünf besten Wursels beim Bowlingwettbewerb erzielt haben. Schreibe dann in die Pokale, welcher Wursel welchen Platz belegt.

Sieger des großen Wursel-Bowlingwettbewerbs in Wurselhausen

Wursel: $(-9)\cdot(-5)$ = ☐

Wurselina: $(+4{,}5)\cdot(-2{,}3)$ = ☐

Wurbo: $(-2{,}5)\cdot(+1{,}6)$ = ☐

Wurbi: $(-0{,}6)\cdot(-51{,}4)$ = ☐

Wursi: $\left(-7\frac{4}{5}\right)\cdot\left(+2\frac{7}{10}\right)$ = ☐

SIEGER ist ____________ .

MEHR ZUR MULTIPLIKATION RATIONALER ZAHLEN

	Aufgabe mit Lösung	Ja, das Ergebnis ist richtig!	Nein, das richtige Ergebnis ist:
a)	$(+29{,}5) \cdot (-37{,}25) = (-1098{,}875)$		
b)	$(+27) \cdot (-63) = (+1701)$		
c)	$(-895) \cdot (+437) = (-40\,032)$		
d)	$(+3\frac{4}{5}) \cdot (-1\frac{2}{3}) = (-6\frac{1}{3})$		
e)	$(+4{,}85) \cdot (-\frac{1}{2}) = (-2{,}425)$		
f)	$(-5\frac{1}{4}) \cdot (-0{,}75) = (-3\frac{15}{16})$		
g)	$(+0{,}92) \cdot (+0{,}05) = (-0{,}05)$		
h)	$(+2{,}73) \cdot (-2{,}73) = (+5{,}46)$		
i)	$(+5{,}4) \cdot (-3{,}8) = (-20{,}52)$		
j)	$(+4\frac{1}{2}) \cdot (-5{,}7) = (+10{,}2)$		
k)	$(+75{,}1) \cdot (-20\frac{3}{4}) = (-1558{,}325)$		
l)	$(-\frac{7}{2}) \cdot (+3{,}5) = (-12\frac{1}{4})$		
m)	$(-16{,}3) \cdot (+\frac{2}{8}) = (-19{,}1)$		
n)	$(-12{,}9) \cdot (-18{,}5) = (-31{,}4)$		
o)	$(+8) \cdot (-2\frac{3}{4}) = (+5\frac{1}{4})$		
p)	$(-\frac{3}{5}) \cdot (-0{,}75) = (+\frac{9}{20})$		
q)	$(-18\frac{1}{4}) \cdot (-15{,}6) = (-33{,}85)$		
r)	$(-9{,}4) \cdot (-10{,}9) = (+102{,}46)$		

MULTI IST KULTI

Multipliziere je zwei Zahlen einer Reihe, die an ein weißes Feld angrenzen, und trage das Ergebnis in das freie Feld ein.

a)

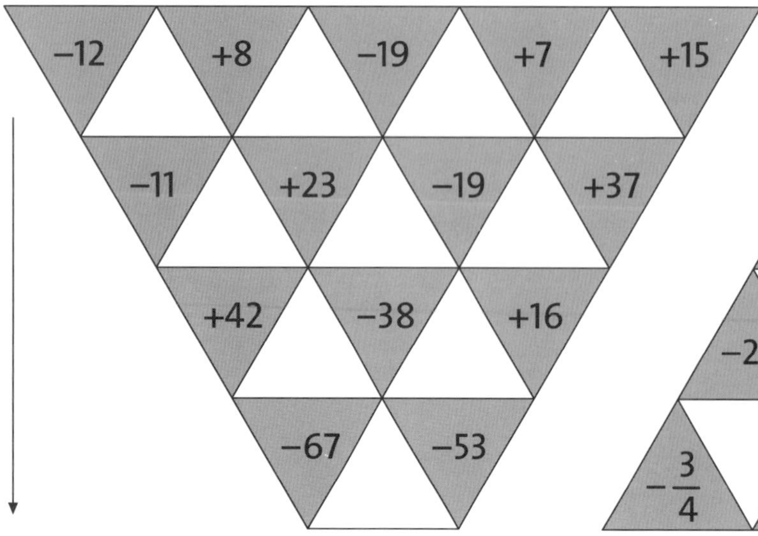

b)

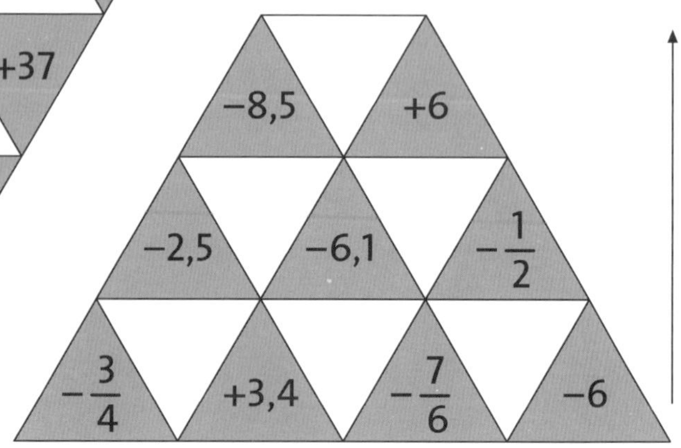

Lösungen: −608 −51 105 −1596 15,25 7 −152 3,05 −437 −96 −2,55 −133 3 551 −253 $-3\frac{29}{30}$ −703

Berechne die Aufgaben. Beginne unten bei der +6 und multipliziere diese mit der darüber stehenden Zahl. Das Ergebnis schreibst du in das freie Feld daneben und multiplizierst dann diese Zahl mit der darüber stehenden Zahl. Wenn du bei +729 angekommen bist, geht es auf die gleiche Art wieder hinunter bis zur 6.

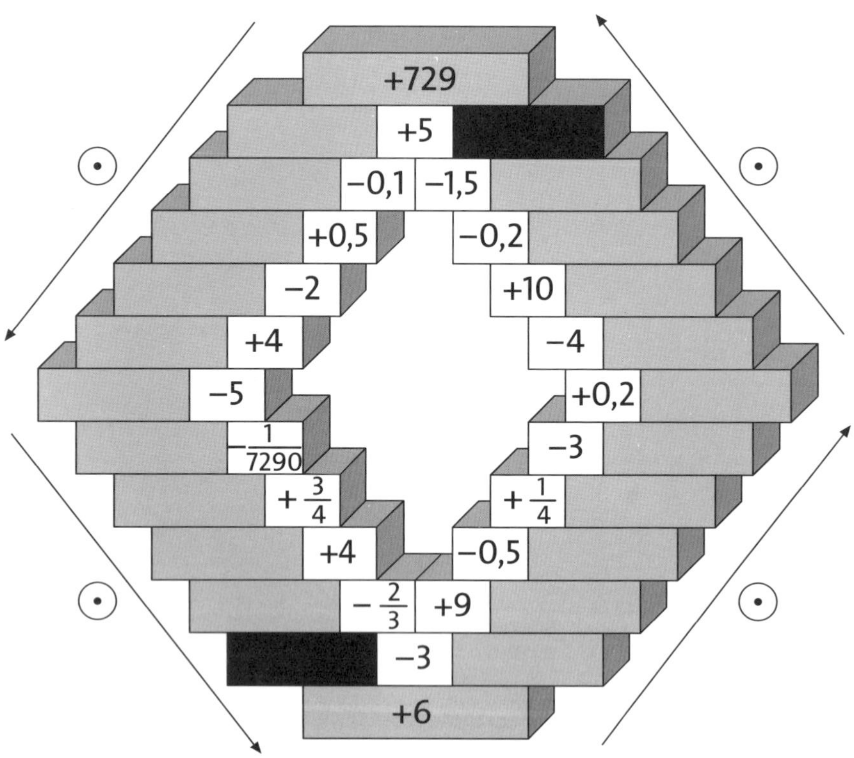

Lösungen:

145,8 −162 −60,75

486 729 −12,15

81 −97,2 48,6

20,25 −18 −2

−346,5 1458

3 3 645 0,75

1 −7290

364,5 −182,25

DISTRIBUTIVGESETZ

Im Beispiel wurden Multiplikation und Addition verbunden. Beide haben richtig gerechnet.

Miniwursels Rechnung:		**Wursels Rechnung:**
$5 \cdot 50 + 5 \cdot 10$	=	$5 \cdot (50 + 10)$
$a \cdot b + a \cdot c$	=	$a \cdot (b + c)$

Beim Multiplizieren einer Summe $b + c$ mit einer Zahl a wird jeder Summand b und c mit dieser Zahl a multipliziert: $a \cdot (b + c) = a \cdot b + a \cdot c$
Dieses Gesetz heißt **Distributivgesetz**.

➔ Wende das Distributivgesetz an und rechne die Aufgaben aus.

a)

Aufgabe	Vereinfachte Form	Ergebnis
$3 \cdot 4 + 3 \cdot 7$		
$9 \cdot 5 + 9 \cdot 8$		
$7 \cdot 12 + 7 \cdot 15$		
$10 \cdot 14 + 10 \cdot 17$		
$23 \cdot 22 + 23 \cdot 8$		
$19 \cdot 35 + 19 \cdot 49$		

b)

Aufgabe	Vereinfachte Form	Ergebnis
$3{,}5 \cdot 7 + 3{,}5 \cdot 5$		
$7{,}25 \cdot 4 + 7{,}25 \cdot 6$		
$5{,}05 \cdot 3 + 5{,}05 \cdot 8$		
$\frac{1}{2} \cdot 2 + \frac{1}{2} \cdot 4$		
$\frac{1}{4} \cdot \frac{1}{2} + \frac{1}{4} \cdot \frac{3}{4}$		
$\frac{3}{4} \cdot 5{,}5 + \frac{3}{4} \cdot 7{,}25$		

➔ Hat Wursel hier richtig umgeformt? Kreuze an. Ist seine Lösung falsch, schreibe ihm die richtige auf.

Aufgabe	Vereinfachte Form	richtig	falsch	richtige Form	Ergebnis
a) $22 \cdot 44 + 22 \cdot 34$	$22 \cdot (44 + 34)$				
b) $12 \cdot 7 + 12 \cdot 17$	$7 \cdot (12 + 17)$				
c) $\frac{3}{4} \cdot \frac{33}{44} + \frac{3}{4} \cdot \frac{44}{33}$	$\frac{3}{4} \cdot \left(\frac{33}{44} + \frac{44}{33}\right)$				
d) $5{,}5 \cdot 17{,}8 + 5{,}5 \cdot 3{,}6$	$17{,}8 \cdot (5{,}5 + 3{,}6)$				
e) $5{,}23 \cdot \frac{1}{2} + 5{,}23 \cdot \frac{3}{4}$	$\frac{1}{2} \cdot \left(5{,}23 + \frac{3}{4}\right)$				

AUFGABEN ZUR DIVISION GANZER ZAHLEN

Multiplikation		Division
(+Zahl) · (+Zahl) = (+Zahl)	**Regel 1**	(+Zahl) : (+Zahl) = (+Zahl)
(–Zahl) · (+Zahl) = (–Zahl)	**Regel 2**	(–Zahl) : (+Zahl) = (–Zahl)
(+Zahl) · (–Zahl) = (–Zahl)	**Regel 3**	(+Zahl) : (–Zahl) = (–Zahl)
(–Zahl) · (–Zahl) = (+Zahl)	**Regel 4**	(–Zahl) : (–Zahl) = (+Zahl)

➔ Versuche die Regeln anzuwenden. Falls es noch nicht klappt, lies dir die Regeln noch einmal durch.

a)

Aufgabe	Lösung
(+8) : (+2)	
(+12) : (+6)	
(+25) : (+5)	
(–16) : (+4)	
(–32) : (+8)	
(–54) : (+9)	
(+96) : (–12)	
(+52) : (–13)	
(–120) : (–30)	
(–125) : (–25)	

b)

Aufgabe	Lösung
(–126) : (–18)	
(+135) : (+9)	
(–231) : (+11)	
(–153) : (–17)	
(+207) : (–23)	
(–234) : (–13)	
(+272) : (+16)	
(–546) : (+21)	
(+690) : (–46)	
(–901) : (–53)	

➔ Berechne die fehlenden Zahlen.

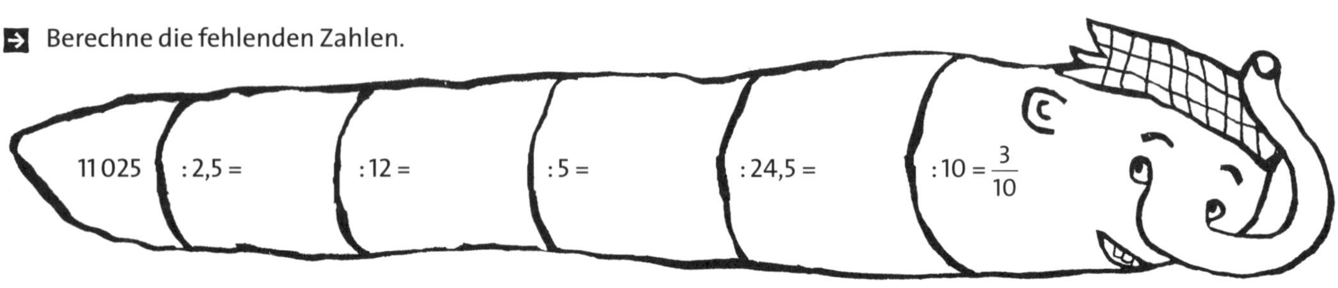

AUFGABEN ZUR DIVISION RATIONALER ZAHLEN

Die Wursels üben auf der Bowlingbahn für den großen Bowlingwettbewerb. Welcher Wursel trifft welchen Kegel? Ordne die Aufgaben den richtigen Ergebnissen zu.

Wenn du die folgenden Aufgaben ausrechnest, erfährst du, wie viele Punkte die fünf besten Wursels beim Bowlingwettbewerb erzielt haben. Schreibe dann in die Pokale, welcher Wursel welchen Platz belegt.

Sieger des großen Wursel-Bowlingwettbewerbs in Wurselhausen

Wursel: $(-9{,}3) : (-3{,}1) =$ ☐

Wurselina: $(+142{,}5) : (-22{,}8) =$ ☐

Wurbo: $(-11{,}43) : (+2{,}54) =$ ☐

Wurbi: $(-333{,}3) : (+111{,}1) =$ ☐

Wursi: $\left(-44\frac{4}{5}\right) : \left(-22\frac{4}{10}\right) =$ ☐

SIEGER ist __________ .

MEHR ZUR DIVISION RATIONALER ZAHLEN

	Aufgabe mit Lösung	Ja, das Ergebnis ist richtig!	Nein, das richtige Ergebnis ist:
a)	$(+64{,}97) : (-8{,}9) = (-7{,}5)$		
b)	$(+391{,}5) : (-14{,}5) = (-27)$		
c)	$(-8{,}75) : (+3{,}5) = (+2{,}5)$		
d)	$(+3\frac{4}{5}) : (-1\frac{2}{3}) = (-3\frac{7}{25})$		
e)	$(+4{,}85) : (-\frac{1}{2}) = (-9{,}8)$		
f)	$(-5\frac{1}{4}) : (-0{,}75) = (+8)$		
g)	$(+0{,}95) : (+0{,}05) = (+19)$		
h)	$(+2{,}73) : (-2{,}73) = (0)$		
i)	$(+5{,}6) : (-0{,}7) = (-9)$		
j)	$(+4\frac{1}{2}) : (-0{,}009) = (-500)$		
k)	$(+259{,}875) : (-19\frac{1}{4}) = (-74{,}255)$		
l)	$(-\frac{7}{2}) : (+3{,}5) = (-1)$		
m)	$(-16{,}75) : (+2\frac{1}{2}) = (-6{,}5)$		
n)	$(-13{,}2) : (-3{,}3) = (+3{,}9)$		
o)	$(+8{,}9375) : (-2\frac{3}{4}) = (-3)$		
p)	$(-\frac{3}{5}) : (-0{,}75) = (+0{,}8)$		
q)	$(-18\frac{3}{4}) : (-6{,}25) = (-3)$		
r)	$(-39{,}3) : (-13{,}1) = (+3)$		

RATIONALES ZAHLENQUIZ

	Addition	Subtraktion	Multiplikation	Division	
20	$(+15) + (+22) =$	$(+45) - (-23) =$	$(-12) \cdot (+12) =$	$(+48) : (-6) =$	20
40	$(-12) + (-12) + (-12) =$	$(+56) - (+18) - (-12) =$	$(-3) \cdot (-4) \cdot (-5) =$	$(+100) : (-5) : (-4) =$	40
60	$(+17{,}4) + (-8{,}5) =$	$3{,}7 - \left(+2\frac{4}{10}\right) - 1\frac{69}{100} =$	$-1{,}75 \cdot (+3{,}5) \cdot \frac{3}{4} \cdot \left(-\frac{5}{16}\right) =$	$\dfrac{-\frac{3}{4} : \left(-\frac{1}{2}\right)}{-\frac{5}{20} : \left(-\frac{8}{16}\right)} =$	60
80	$(-4{,}53 + 7{,}89) + 7{,}28 =$	$\lvert 6 - (5 - 8) - (2 - 18) \rvert =$	Nenne die Gesetze, die sowohl für die Addition als auch für die Multiplikation gelten.	$\left\lvert \frac{99}{(-112)} : \frac{(-56)}{(-56)} \right\rvert =$	80
100	$\left(\frac{7}{12} + \frac{3}{8}\right) + \left(-\frac{5}{12}\right) + \left(-\frac{8}{3} + \frac{1}{4}\right) + (-\lvert -9 \rvert) =$	$-5{,}5 - \left\lvert -\frac{3}{4} \right\rvert - \left(+\frac{5}{10} - \frac{6}{2}\right) - \lvert +7 - (-3{,}5) \rvert =$	$-\frac{7}{10} \cdot \left(-\frac{9}{15}\right) \cdot (+3{,}7 - 5{,}8) \cdot \left(\left\lvert -6 - \left(+\frac{9}{11} - \frac{5}{33}\right) - 8 \right\rvert\right) \cdot 0 =$	$\dfrac{\frac{1}{3} - \frac{1}{5} : \frac{3}{10}}{\frac{1}{3} - \frac{1}{5}} =$	100

VERMISCHTES ZU DEN GANZEN ZAHLEN 1

Berechne die Aufgaben.

a)

(+)	+3	−2	+5	−7	−10
+6					
−3					
+8					
−9					
−13					

b)

(−)	+3	−2	+5	−7	−10
+6					
−3					
+8					
−9					
−13					

Lösungen:

9 −10 −4 0 2
−13 −19 −23 −10
4 −5 −1 11 13
−2 −11 −16 6
11 −6 −15 −8
−20 1 −4

−18 1 3 −11
−8 −6 −14 15
10 −1 3 −2
−3 −16 −7 4
5 −12 8 13 16
1 7 −6 18

−23 4 4,5

Schreibe die Aufgaben auf und löse sie.

a) Addiere −7 und 16. Multipliziere das Ergebnis mit −6 und dividiere das Produkt durch −12.

b) Multipliziere 8 und −4. Subtrahiere vom Produkt −12 und dividiere die Differenz durch −5.

c) Subtrahiere von 27 das Produkt der Zahlen −7 und −3 und addiere zur Differenz −29.

VERMISCHTES ZU DEN GANZEN ZAHLEN 2

Schreibe die Aufgaben auf und löse sie.

a) Multipliziere –3 mit 5 und –6 mit –4. Addiere beide Ergebnisse und dividiere anschließend durch –3.

b) Multipliziere –6 und –10. Subtrahiere davon die Summe der Zahlen –18 und –22.

c) Addiere –4 und –11. Subtrahiere von 7 die Zahl –4. Multipliziere beide Ergebnisse und dividiere das Produkt durch –15.

Addiere bei der Additionsmauer je zwei benachbarte Zahlen und trage das Ergebnis in das darüber liegende Mauerstück ein. Bei der Subtraktionsmauer trägst du das Ergebnis in das darunter liegende Mauerstück ein.

a) Addition

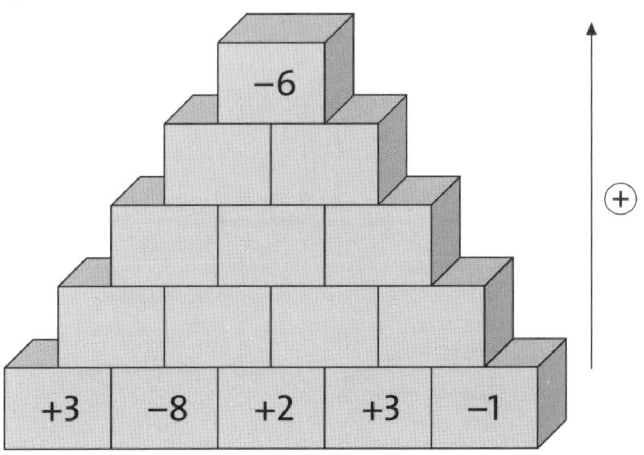

b) Subtraktion

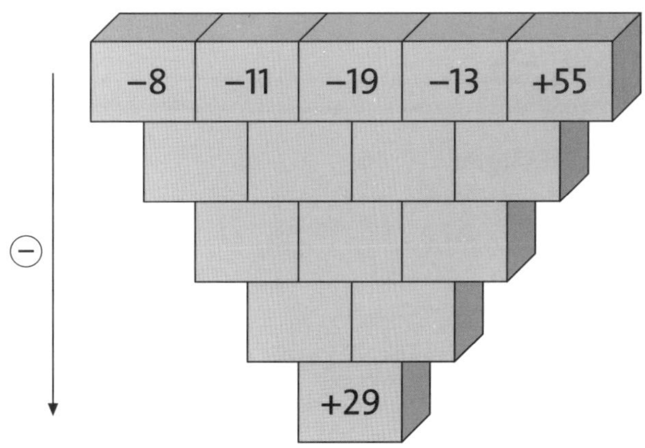

Lösungen: +8 +3 –5 –19 –5 –11 –12 +6 –6 +14 +11 +62 +5 –6 –1 +2 –48 +100 +7 –68 –3

VERMISCHTES ZU DEN RATIONALEN ZAHLEN

In den Zauberhäusern ergibt die Summe jeder Zeile, Spalte und Diagonale die im Dach angegebene Lösung. Ergänze die fehlenden Stellen.

a) +0,6

0,9		−0,4	0,6
−0,2			
	0	−0,1	
−0,3	0,7		

b) −7

$-\frac{35}{14}$		$-\frac{9}{2}$	2	−6,5
$-\frac{30}{5}$				0
		−1,5		
$-\frac{39}{13}$	1		$-\frac{77}{77}$	
3,5		$\frac{9}{6}$	$-\frac{63}{9}$	$-\frac{1}{2}$

Berechne die Aufgaben.

a) $(-24)\cdot\frac{1}{8}-4$ = __________

$-\frac{1}{2}+\left(-\frac{3}{4}\right):6$ = __________

$\left(-\frac{2}{5}\right):\frac{1}{5}-\left(-\frac{1}{2}\right)\cdot 2$ = __________

$\frac{1}{4}:\frac{1}{-2}+\frac{1}{2}+\frac{1}{2}-\frac{2}{5}\cdot 1\frac{1}{4}$ = __________

$\left(2-\frac{4}{5}:\frac{1}{10}\right)\cdot\left(1-\frac{1}{3}\cdot 5\right)$ = __________

b) $-15-36\cdot\left(-\frac{4}{9}\right)$ = __________

$\left(-\frac{3}{4}\right)\cdot 8-\frac{1}{2}$ = __________

$2\frac{1}{2}:\left(1\frac{1}{4}\right)-\left(\frac{2}{3}\cdot\frac{1}{8}\right)$ = __________

$\left(1\frac{1}{2}-2\frac{1}{4}\right):(-3)$ = __________

$-\left(1\frac{1}{2}-\frac{3}{4}:6\right):\left(-4+\frac{1}{2}\cdot 5\right)$ = __________

Lösungen: 4,5 −1,5 −0,6 −0,5 0,3

1 0,1 0,2 4 −4,5 0,5 2,5 −3,5

−6,5 0,4 0,8 −6,5 −2,5 2,5 −7

1 $-\frac{5}{8}$ −6,5 −1 $1\frac{11}{12}$ 0 $\frac{1}{4}$ 4 $\frac{11}{12}$

WAS GEHÖRT ZUSAMMEN?

a) Woher kommen diese Autos? Ordne den deutschen Städten ihre Autokennzeichen zu. Notiere die Anfangsbuchstaben.

Berlin: ______ Bremen: ______ Dresden: ______ Frankfurt: ______ Hamburg: ______

Hannover: ______ Köln: ______ Leipzig: ______ München: ______ Stuttgart: ______

b) Ordne den Kennzeichnen die Städte auf der Karte zu. Schreibe die jeweiligen Zahlen hinter das Kennzeichen.

Kennzeichen		Kennzeichen	
F-HC 810		HB-TF 61	
HH-LL 766		L-HE 3216	
M-KC 308		H-CL 18	
DD-JK 569		B-KT 123	
S-YK 3573		K-JJ 7856	

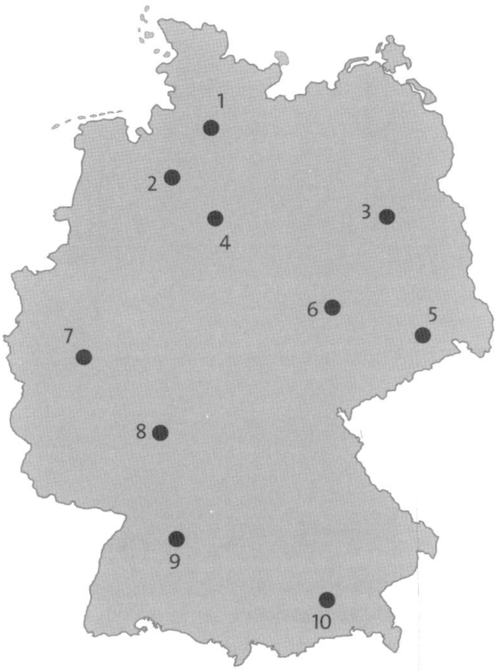

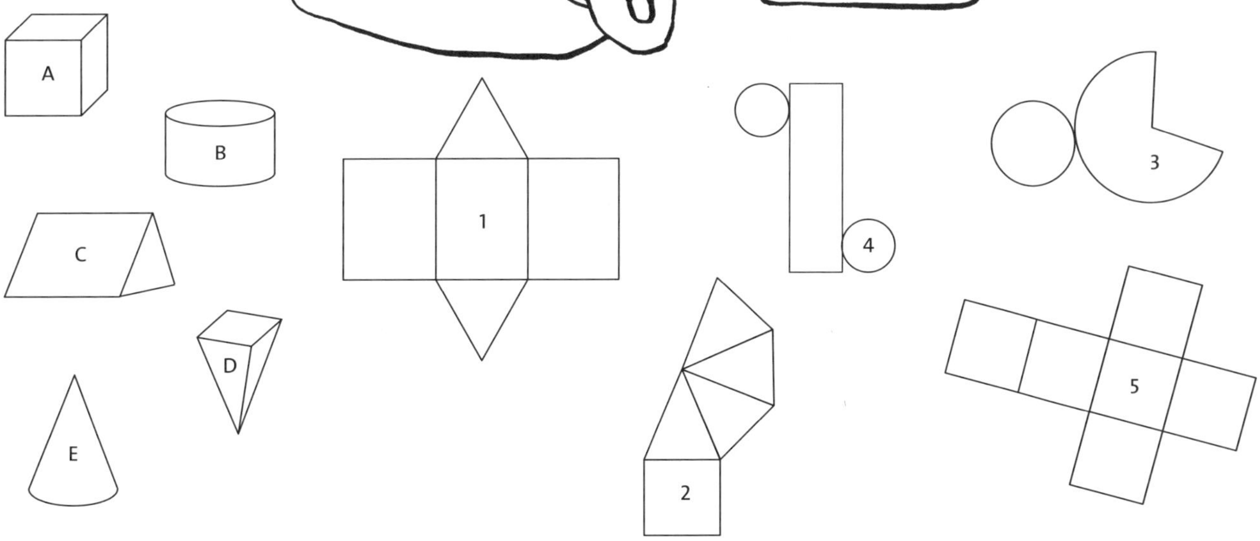

A: ______ B: ______ C: ______ D: ______ E: ______

WERTE ABLESEN UND ZUORDNEN

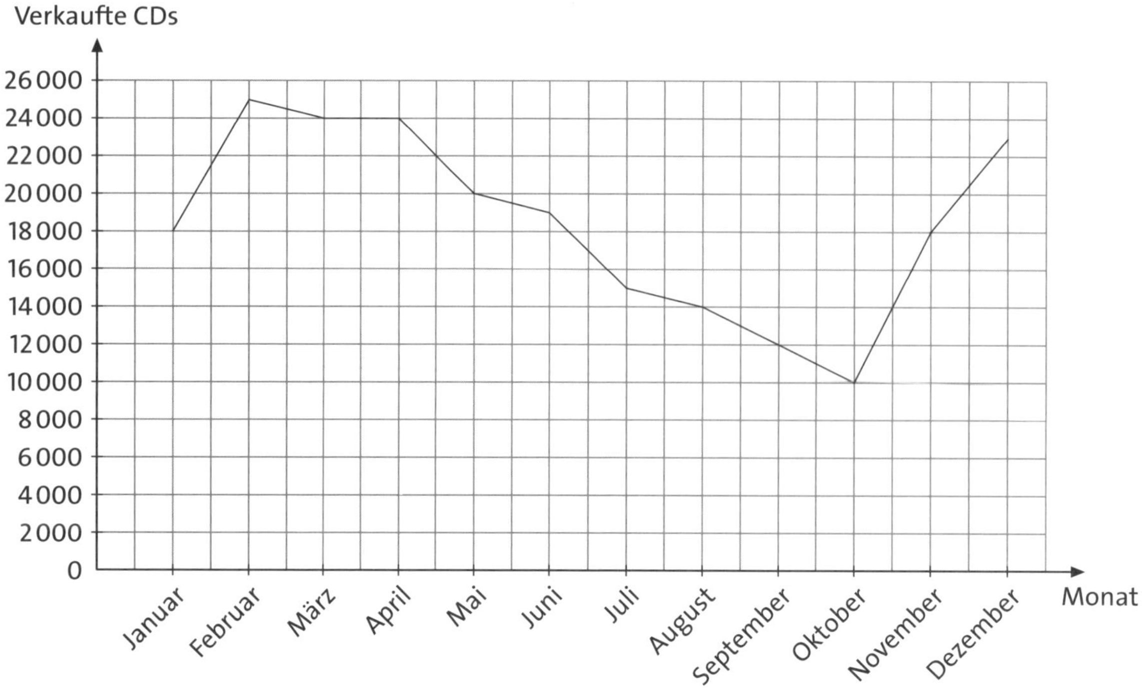

Monat	Verkaufte CDs
Januar	
Februar	
März	
April	
Mai	
Juni	
Juli	
August	
September	
Oktober	
November	
Dezember	

➔ Lies für Wursel die Werte in der Grafik ab und trage sie in die Tabelle ein.

Hilf Wursel weiter: In welchem Monat wurden die meisten, in welchem Monat die wenigsten CDs verkauft? Markiere die Monate in der Tabelle mit ⊕ für den besten und mit ⊖ für den schlechtesten Verkaufsmonat.

ANGEBOTE VERGLEICHEN

Vergleiche für Wursel die Angebote von Geschäft A und Geschäft B. Ergänze dazu in der Tabelle die Preise von Geschäft A und stelle in der Grafik die Preise von Geschäft B dar.

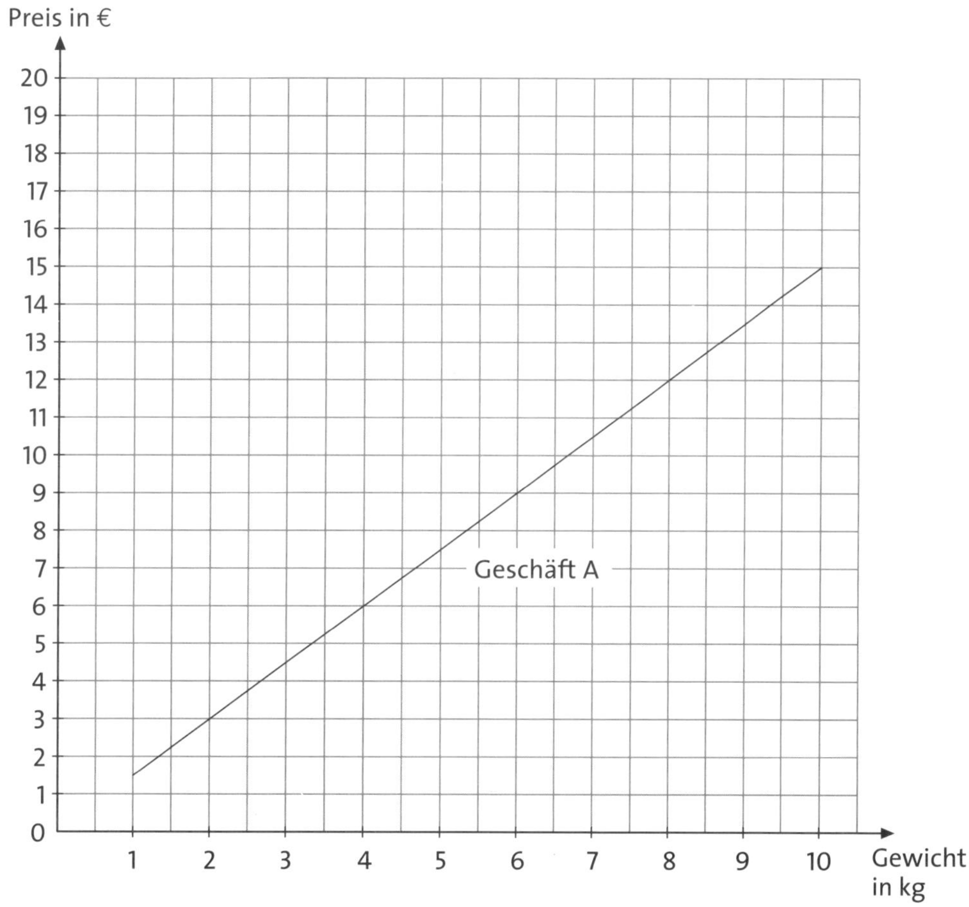

Gewicht in kg	1	2	3	4	5	6	7	8	9	10
Geschäft A: Preis in €										
Geschäft B: Preis in €	2	4	6	8	10	12	14	16	18	20

Welches Geschäft ist günstiger? Kreuze an.

Geschäft A ☐ Geschäft B ☐

EINE GANZ BESONDERE ZUORDNUNG

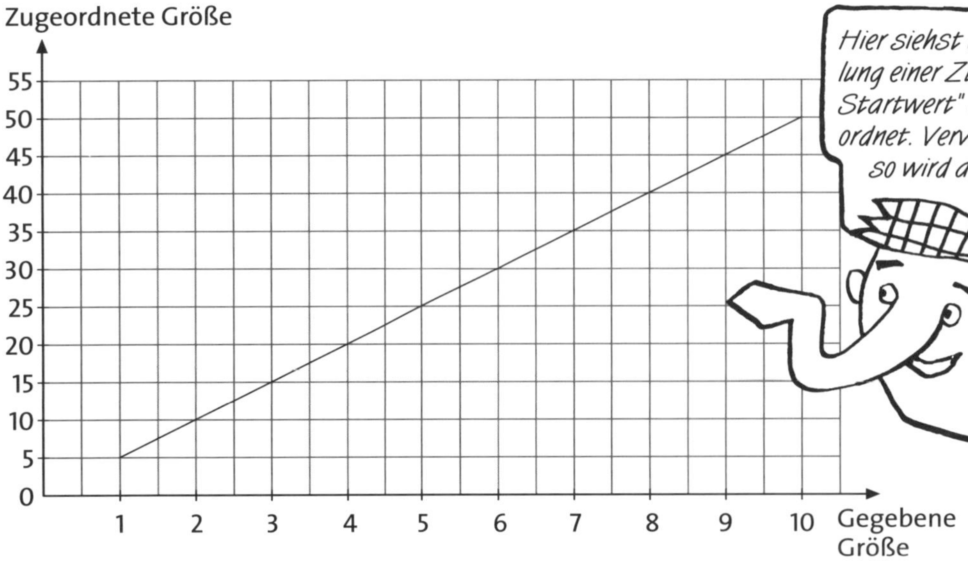

Gegebene Größe	Vervielfachung	Zugeordnete Größe
1		5
2	um das 2fache	10
3	um das 3fache	15
4	um das 4fache	20
5	um das 5fache	25
.	.	.
.	.	.
.	.	.

Eine solche Zuordnung, bei der einer *n*-fachen „gegebenen Größe" auch immer das *n*-fache einer anderen Größe zugeordnet wird, nennt man „proportional".

➔ Ergänze die Tabelle zu einer proportionalen Zuordnung. Trage dann die Werte in das Koordinatensystem ein, um eine grafische Darstellung zu bekommen.

Gegebene Größe	Zugeordnete Größe
2	3
4	6
6	9
8	
10	
12	
14	
16	

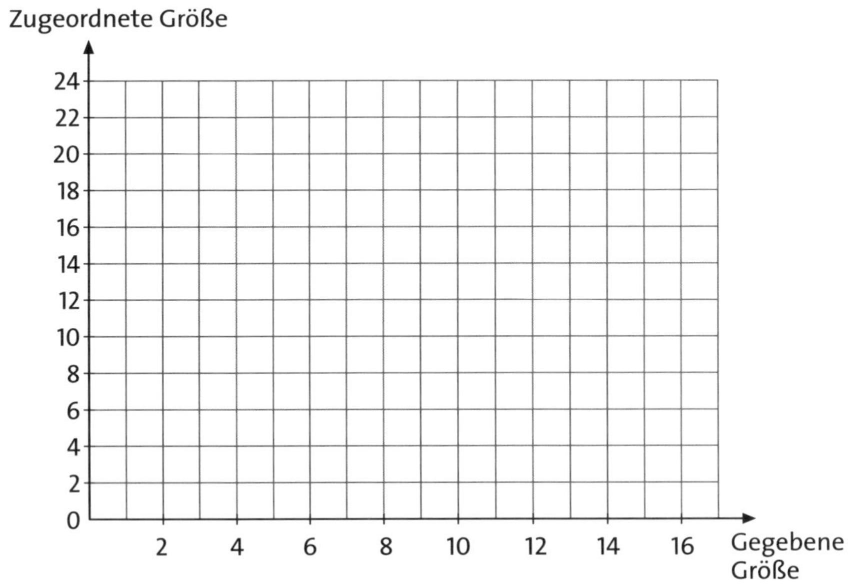

PROPORTIONAL ODER NICHT PROPORTIONAL?

a)

kg	15	30	45	60	75	90	105	120
€	25	50	75	100	125	150	175	200

☐ proportional [S] ☐ nicht proportional [M]

b)

Zeit	1.00	4.00	7.00	10.00	13.00	16.00	19.00	22.00
°C	−7	−3	0	4	10	7	3	−2

☐ proportional [A] ☐ nicht proportional [U]

c)

min.	5	10	15	20	25	30	35	40
km	10	20	30	40	50	60	70	80

☐ proportional [P] ☐ nicht proportional [T]

d)

km	100	250	400	550	700	850	1000	1150
Liter	8	20	32	44	56	68	80	92

☐ proportional [E] ☐ nicht proportional [H]

e)

Alter	6	10	15	18	23	30	48	53
Gewicht in kg	26	39	55	70	85	79	90	81

☐ proportional [E] ☐ nicht proportional [R]

Das Lösungswort heißt: ☐☐☐☐☐

DIE PROPORTIONALITÄT

Du hast auf dem Flohmarkt gesehen, dass es 5 CDs für 2,50 € gibt. Du weißt, dass du noch 6 € hast, und überlegst, wie viele CDs du dafür bekommst.

	Geld in €	Anzahl an CDs	
:2,50	2,50	5	:2,50
·6	1	2	·6
	6	**12**	

Für 2,50 € bekommst du 5 CDs.

Um zu wissen, was du für 1 € bekommst, musst du auf beiden Seiten durch dasselbe teilen – hier durch 2,50.

Nun multiplizierst du beide Seiten mit 6 und erhältst: Für 6 € bekommst du 12 CDs.

➔ Berechne ebenso.

a)

	Äpfel	€	
:	8	2	:
·	1		·
	27		

b)

	T-Shirts	€	
:	6	42	:
·	1		·
	43		

c)

	Kartons	Dosen	
:	5	100	:
·	1		·
	19		

d)

	Träger	Flaschen	
:	6	36	:
·	1		·
	10		

AUFGABEN ZUR PROPORTIONALITÄT

A Ich will bei der Lotterie gewinnen! In 5 Gläsern sind 200 Kaugummikugeln, wie viele sind in 16 Gläsern?

B Drei Tafeln Schokolade haben 72 Riegel, wie viele Riegel habe ich bei 36 Tafeln Schokolade?

C In 8 Kartons passen 128 T-Shirts, wie viele T-Shirts sind in 24 Kartons?

D Super, 10 Comichefte für 3,50 €. Wie viel muss ich bezahlen, wenn ich mir 25 davon kaufe?

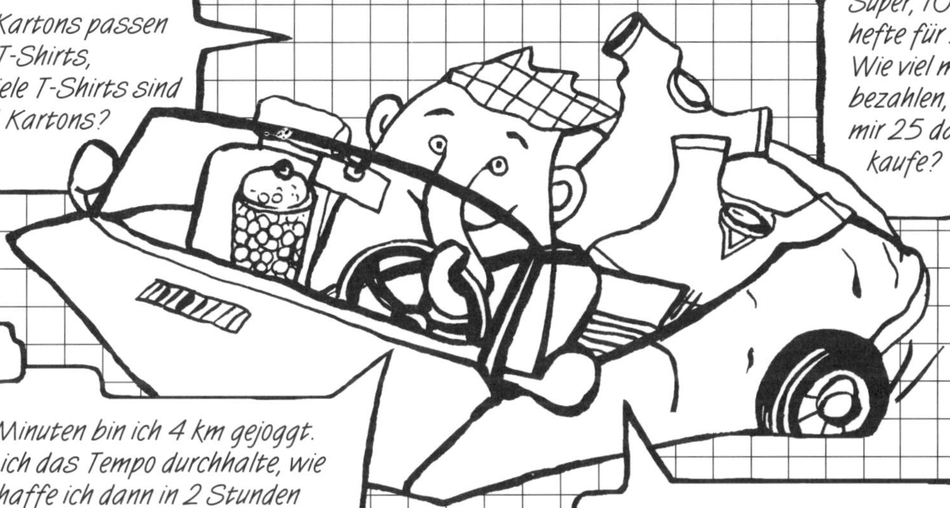

E In 15 Minuten bin ich 4 km gejoggt. Wenn ich das Tempo durchhalte, wie viel schaffe ich dann in 2 Stunden und 30 Minuten?

F Eine kleine Spritztour ist schön, dum-di-da ... In 5 Stunden bin ich 600 km weit gefahren. Wie viele Kilometer schaffe ich in 11 Stunden und 45 Minuten?

MEHR ZUR PROPORTIONALITÄT

a) Beim Streetball-Basket-Cup wurden 18 Mannschaften mit insgesamt 108 Teilnehmern gemeldet. Wie viele Spieler darf jedes Team mitnehmen?

b) Familie Meier bezahlt für ihre 75 m^2 große Wohnung 525 € Miete. Wie hoch ist der Anteil an Miete für ihr 24 m^2 großes Wohnzimmer?

c) Bei einer SMS-Sonderaktion bezahlt Jan für 13 verschickte SMS 1,04 €. Wie viel muss er für 98 SMS bezahlen?

d) Du hast bei einem Internetanbieter einen Vertrag mit einer Mindestsurfzeit von 30 Stunden. Nach 9 Stunden hast du eine Zwischensumme von 6,48 €. Was kostet dich eine Stunde Surfen und wie viel musst du nach 30 Stunden bezahlen?

e) Ein Zug legt in 3 h 20 min eine Strecke von 210 km zurück. Welche Strecke legt der Zug bei gleicher Geschwindigkeit in $4\frac{1}{2}$ h zurück?

f) Aus einem undichten Wasserhahn tropft in $1\frac{1}{2}$ h 1 l Wasser. Wie viel Wasser geht nach einer Woche verloren?

Lösungen:

7,84 112 168 0,72

6 283,5 21,60

DIE ANTIPROPORTIONALITÄT

Du streichst mit zwei Freunden euren Klassenraum. Ihr braucht dazu 3 Stunden. Alleine hättest du viel länger gebraucht. Wenn euch aber noch 9 Mitschüler geholfen hätten, wärt ihr zu zwölft noch schneller gewesen.

	Schüler	Zeit in Stunden	
	3	3	
: 3	1	9	· 3
· 12	12	$\frac{3}{4}$	: 12

Zu dritt braucht ihr 3 Stunden.

Um von drei Schülern auf einen zu kommen, teilst du links durch 3 und rechnest rechts mal 3.

Nun nimmst du auf der linken Seite mal 12. Rechts musst du durch 12 teilen, da ihr zu zwölft viel schneller seid. Das Ergebnis ist eine $\frac{3}{4}$ Stunde, die ihr jetzt nur noch zum Streichen braucht.

➔ Rechne ebenso.

a)

	Arbeiter	Zeit	
	8	4	
:	1		·
·	16		:

b)

	Leute	Liter	
	6	6	
:	1		·
·	18		:

c)

	km/h	Zeit	
	50	5	
:	1		·
·	125		:

d)

	LKWs	Zeit	
	3	9	
:	1		·
·	6		:

AUFGABEN ZUR ANTIPROPORTIONALITÄT

A

Ich brauche alleine 2 Stunden zum Rasenmähen. Wie lange brauchen Miniwursel und ich zusammen?

B

Miniwursel und ich haben jeder 12 Riegel von der Tafel Schokolade. Wir sollen sie aber mit unseren 6 Freunden teilen, wie viele Riegel bleiben dann noch für jeden übrig?

C

Wenn ich 120 Pakete pro Ladung in den LKW bekomme, dann muss ich 15-mal fahren. Wie oft muss ich fahren, wenn ich 150 Pakete einladen kann?

D

Super, mein neuer Pool. Bei 500 Liter Wasser in der Stunde brauche ich 108 Stunden, bis er voll ist. Wie lange dauert es bei 2000 Liter Wasser in der Stunde?

E

Meine 5 Arbeitskollegen und ich haben in 8 Stunden die gesamte Fahrbahnmarkierung aufgestrichen. Wenn wir alle 16 dort gewesen wären, hätte es wie lange gedauert?

F

Ich bin bei einer durchschnittlichen Geschwindigkeit von 80 km/h nach 6 Stunden an meinem Ferienort angekommen. Wie lange hätte ich bei 120 km/h gebraucht?

MEHR ZUR ANTIPROPORTIONALITÄT

a) Die Wursels feiern Weihnachten. Es gibt einen Truthahn, von dem 2 Personen je 2 kg Fleisch essen könnten. Wie viel bekommt jeder der 8 Wursels?

b) Friederike backt Muffins. Sie hat 1 kg Teig, der für 5 große Muffins à 200 g reichen würde. Wie viel Teig braucht sie pro Muffin, wenn sie 20 kleine Muffins backt?

c) In einem Baugebiet sollten ursprünglich 12 Häuser mit je einer Grundstücksgröße von 550 m^2 gebaut werden. Die Gemeinde hat sich jedoch dafür entschieden, 20 Doppelhäuser zu bauen. Wie groß sind nun die einzelnen Grundstücke?

d) Paul und seine Schwester Anna benutzen zusammen einen Internetanschluss und teilen sich 4 200 Freiminuten. Wie viele Stunden hat jeder zur Verfügung, wenn auch ihre Eltern und beide Großelternpaare die Freiminuten mitnutzen?

e) Wursels Geburtstagsbowle ist für 8 Gäste gedacht. Jeder Gast könnte dann 1,25 l Bowle trinken. Es kommen aber überraschend 25 Gäste. Wie viel Bowle bekommt jeder?

f) Wursels Aquarium fasst 800 l Wasser. Nach der Reinigung soll es neu gefüllt werden. Wenn 5 l pro Minute eingefüllt werden, dauert der Füllvorgang 2 h 40 min. Wie viele Minuten benötigt man bei 0,01 m^3 Wasser pro Minute?

Lösungen:

0,4   50 $8\frac{3}{4}$ 0,5   80   330

ZUORDNUNGSMIX 1

Ordne die Aussagen den jeweiligen Zuordnungstypen zu. Trage die zugehörigen Buchstaben in die Wurselfiguren ein. Überlege dir auch, wie korrekt und sinnvoll die einzelnen Aussagen sind.

- H: Je mehr man einkauft, desto höher ist der Preis.
- A: Je größer die Muskeln, desto kleiner das Hirn.
- G: Je mehr Helfer, desto geringer der Zeitaufwand.
- D: Je mehr SMS man verschickt, desto höher ist die Rechnung.
- F: Je höher die Geschwindigkeit, desto höher der Benzinverbrauch.
- B: Je schneller das Auto, desto kürzer die Fahrt.
- E: Je größer das Mundwerk, desto kleiner die Aussagen.
- C: Je mehr gelernt, desto besser die Note.

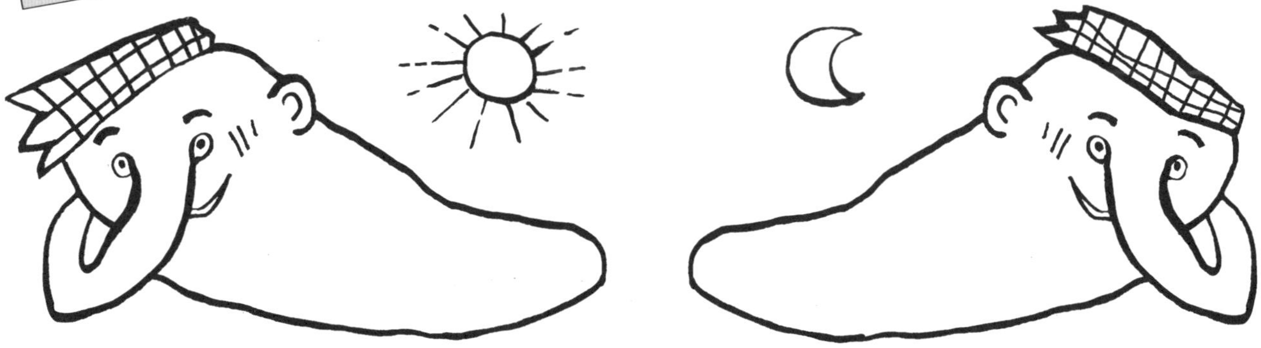

proportional **antiproportional**

Welche der Tabellen gehören zu einer proportionalen und welche gehören zu einer antiproportionalen Zuordnung? Trage die zugehörigen Buchstaben in die Wurselfiguren ein.

I	2	6	15	23	54	69
	3	12	30	46	108	138

J	10	25	50	100	125	200
	250	100	50	25	20	12,5

K	$2\frac{1}{2}$	4	6,4	9,6	12	16
	25,6	16	10	$6\frac{2}{3}$	$5\frac{1}{3}$	4

L	$\frac{1}{2}$	$\frac{3}{4}$	$2\frac{1}{4}$	3	$4\frac{3}{4}$	7
	$\frac{3}{10}$	$\frac{9}{20}$	$1\frac{7}{20}$	$1\frac{4}{5}$	$2\frac{17}{20}$	$4\frac{1}{5}$

ZUORDNUNGSMIX 2

Ergänze die Tabellen.

a) Benzinverbrauch:

Strecke (km)	100	200	300	400	500	600
Benzin (l)			20,4			

b) Zeitaufwand:

Arbeiter	1	3	5	9	10	18
Zeit (h)			9			

c) Kosten:

Gewicht (kg)	3,9	5,2	7,4	8,7	10,5	13,6
Preis (€)						17,68

ZUORDNUNGSMIX 3

Ergänze die Tabellen.

a) Kosten:

Anzahl	5	15	45	50	65	90
Preis (€)				62,50		

b) Geschwindigkeit:

Strecke (km)	4,5	5,6	7,2	9,75	11,5	16,9
Zeit (min)	45					

c) Breite des Rechtecks bei gleichem Flächeninhalt:

Länge (cm)	0,3	0,4	0,8	1,2	1,6	2,4
Breite (cm)						0,2

BRÜCHE UND PROZENTE

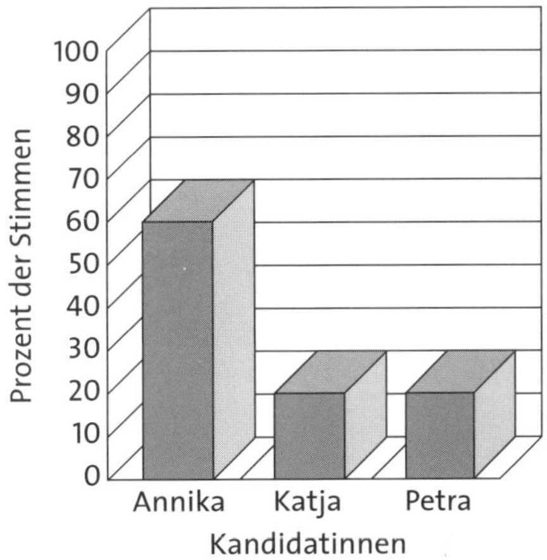

Prozent stammt vom italienischen „per cento“ und kann mit „von hundert“ übersetzt werden. Oft wird beim Vergleich von Brüchen die Zahl 100 als gemeinsamer Nenner verwendet und dann in Prozent (%) umgewandelt: $\frac{p}{100} = p\,\%$

➔ Berechne für Miniwursel, wie viele der 25 Stimmen auf Annika, Katja und Petra jeweils entfielen.

➔ Wandle die folgenden Brüche in Brüche mit dem Nenner 100 um und gib an, wie viel Prozent das sind.

a) $\frac{3}{10}; \frac{7}{10}; \frac{11}{20}; \frac{19}{20}; \frac{13}{25}; \frac{21}{25}; \frac{38}{50}; \frac{47}{50}$

b) $\frac{1}{2}; \frac{3}{4}; \frac{1}{5}; \frac{15}{50}; \frac{3}{20}; \frac{34}{200}; \frac{33}{300}; \frac{288}{400}$

➔ Wandle die Prozentangaben in Brüche um. Kürze so weit wie möglich.

a) 10 % = ____________

50 % = ____________

19 % = ____________

b) 20 % = ____________

25 % = ____________

37,5 % = ____________

c) 30 % = ____________

15 % = ____________

62,5 % = ____________

WIE VIEL PROZENT?

$\frac{59}{100}$ | 59 % | $\frac{750}{2\,000}$ | $\frac{999}{999}$ | 100 % | $\frac{5}{25}$ | $\frac{4}{5}$ | 62,5 % | 80 % | 20 % | $\frac{5}{8}$ | 37,5 %

➔ Gib an, wie viel Prozent der Fläche grau ist.

a) 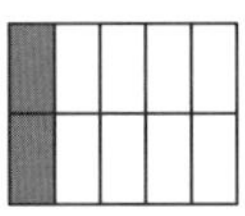 ________

b) 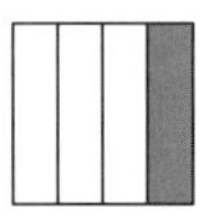 ________

c) 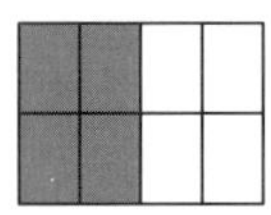 ________

d) 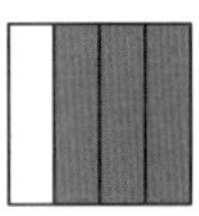 ________

e) 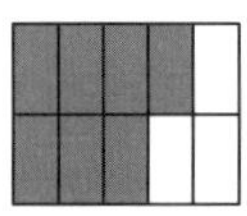 ________

f) 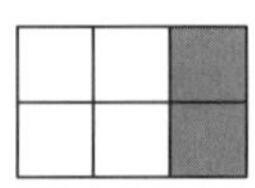 ________

g) 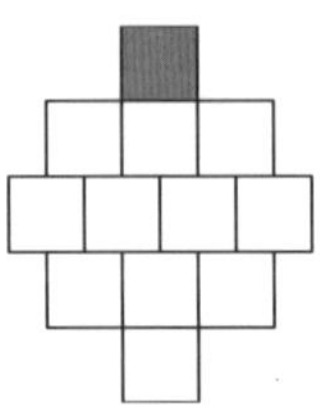 ________

h) 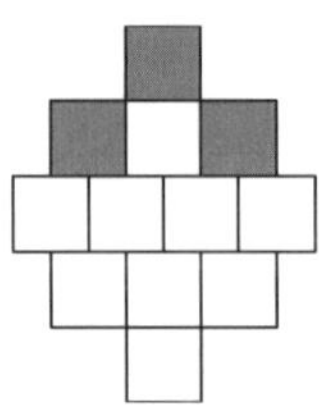 ________

i) 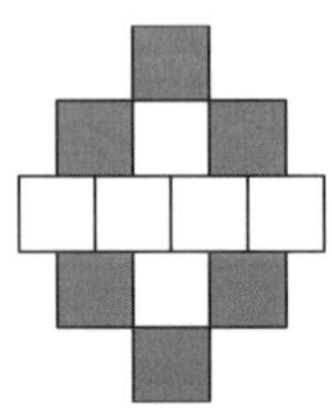 ________

PROZENTSATZ MIT PROZENTZAHL *p*

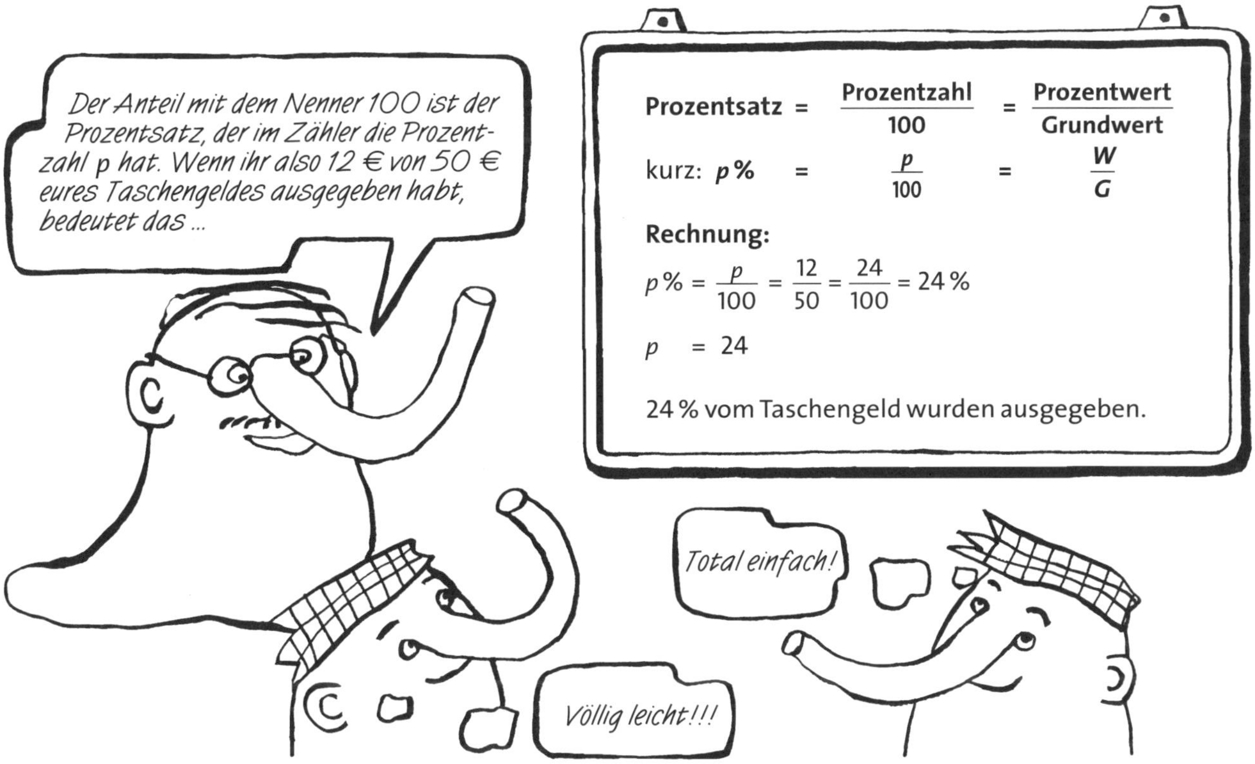

Berechne den Prozentsatz *p* %.

a)
- 17 € von 100 €
- 38 € von 200 €
- 99 € von 300 €
- 125 € von 500 €
- 740 € von 1 000 €
- 9,5 von 10
- 3,5 von 5
- 6,2 von 20

b)
- 1,90 von 25
- 3,7 von 12,5
- 0,25 von 5
- 0,75 von 8
- 0,05 von 1
- 0,037 von 2
- 0,06 von 0,5
- 0,025 von 0,25

AUFGABEN ZUM PROZENTSATZ

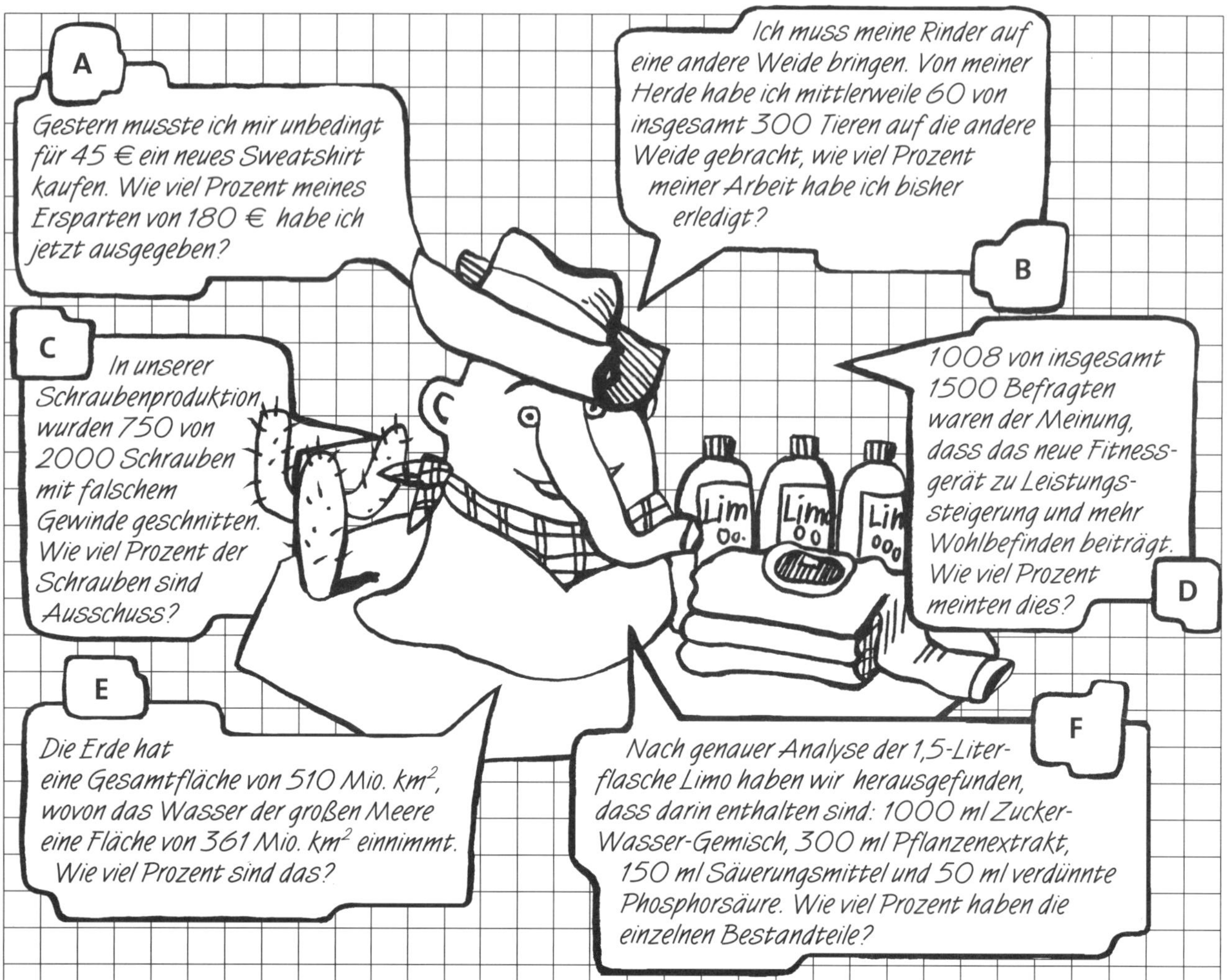

PROZENTWERT *W*

Prozentwert = Grundwert · Prozentsatz

Kurz: $W = G \cdot \frac{p}{100}$

Rechnung:

$W = 500 \cdot \frac{40}{100} = 200$

Wir haben bisher 200 Zeitungen verkauft.

➔ Berechne den Prozentwert *W*.

a) 10 % von 200 €

20 % von 720 €

40 % von 3 500 €

16 % von 100 m

5 % von 90 cm

2,5 % von 12

8,25 % von 800

$6\frac{1}{2}$ % von 380

b) 1,5 % von 75

7,2 % von 92

1,25 % von 10,5

0,5 % von 1,5

17 % von 1,5

39 % von 16,5

0,25 % von 5

0,05 % von 1

AUFGABEN ZUM PROZENTWERT

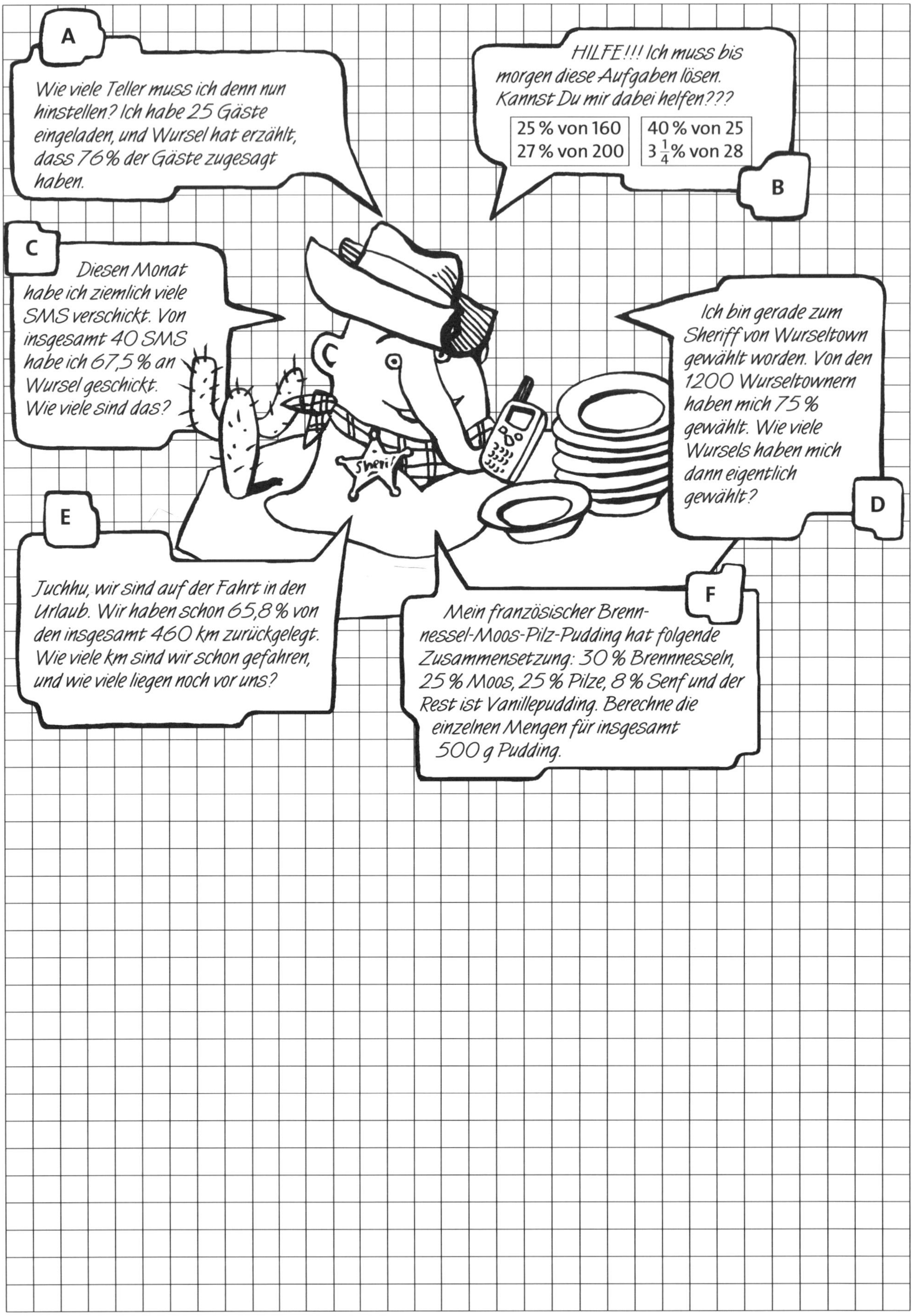

GRUNDWERT *G*

Grundwert = Prozentwert : Prozentsatz

$$G = W : \frac{p}{100} = W \cdot \frac{100}{p}$$

Rechnung:

$$G = 26 \cdot \frac{100}{65} = 40$$

Die gesamte Strecke hat eine Länge von 40 km.

Berechne den Grundwert *G*.

a) 10 % sind 15 €.

25 % sind 40 €.

60 % sind 480 €.

35 % sind 840 m.

32 % sind 112 h.

3,5 % sind 31,5.

28,5 % sind 71,25.

0,25 % sind 1,5.

b) 37 % sind 77,7.

68 % sind 292,4.

31 % sind 23,56.

23 % sind 0,184.

12,5 % sind 50.

0,5 % sind 12,5.

1,025 % sind 10,25.

0,37 % sind 45,25.

AUFGABEN ZUM GRUNDWERT

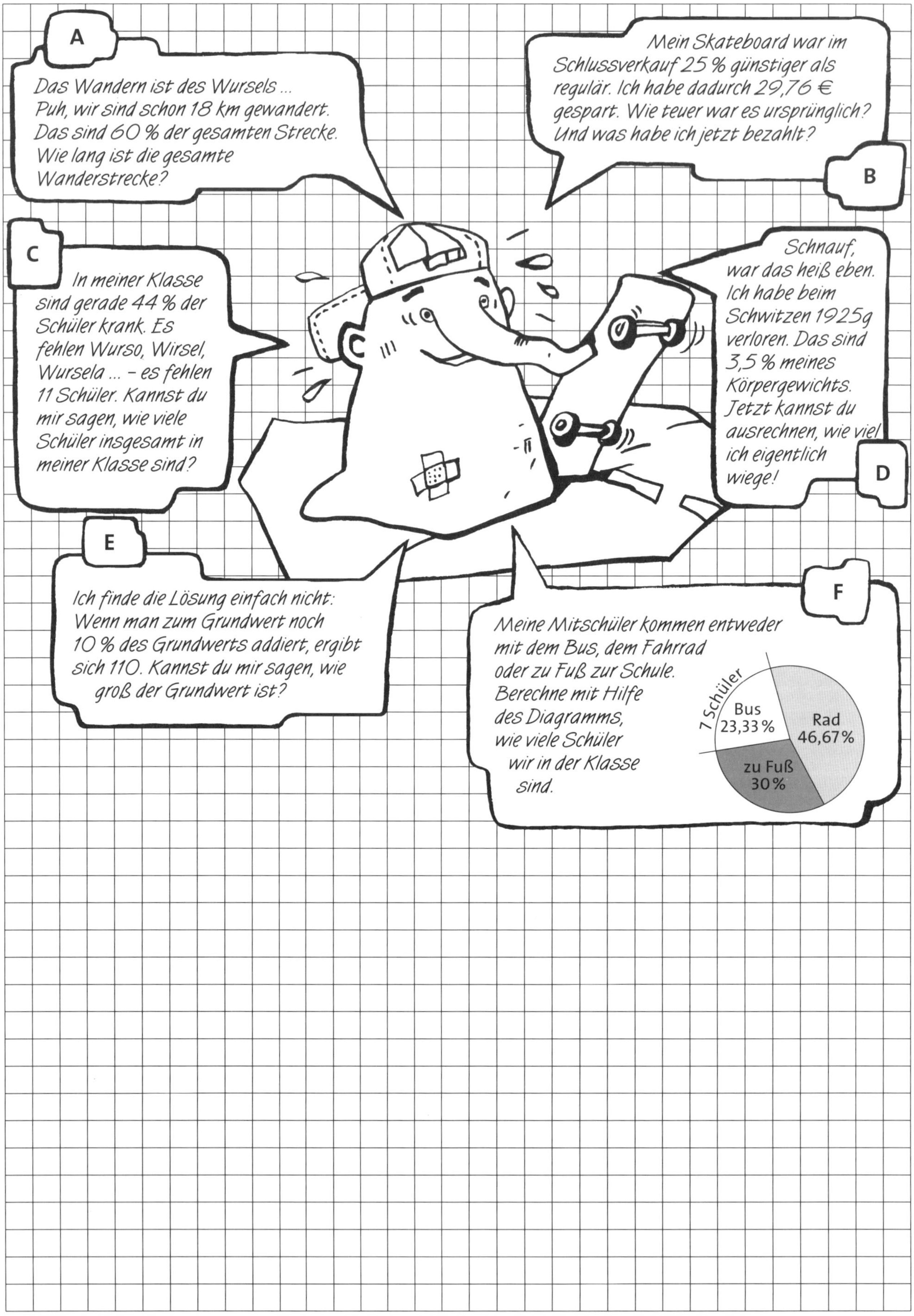

VERMEHRTER UND VERMINDERTER GRUNDWERT

Der **vermehrte Grundwert W_+** ist **größer** als der Grundwert.

Der **verminderte Grundwert W_-** ist **kleiner** als der Grundwert.

Berechne den vermehrten Grundwert W_+.

a) 100 € vermehrt um 20 %:

b) 95 kg vermehrt um 15 %:

c) 152 cm vermehrt um 32 %:

Berechne den verminderten Grundwert W_-.

a) 1300 € vermindert um 24 %:

b) 375 g vermindert um 19 %:

c) 796 l vermindert um 12,5 %:

UND NOCHMALS: VERMEHRT UND VERMINDERT

➔ Berechne den vermehrten Grundwert W_+.

a) 380 € vermehrt um 15 %:

b) 600 g vermehrt um 33 %:

c) 4 270 cm vermehrt um 19 %:

➔ Berechne den verminderten Grundwert W_-.

a) 950 € vermindert um 8 %:

b) 30 m vermindert um 62,5 %:

c) 7 243 g vermindert um 18,5 %:

NETTO UND BRUTTO

Brutto:
Betrag ohne Abzug

Netto:
Betrag nach Abzug

Entscheide, ob hier von Brutto- oder von Nettoangaben die Rede ist. Bei richtiger Lösung erhältst du ein Lösungswort.

a) Herr Müller erhält nach Abzug der Lohnsteuer, Kirchensteuer, Rentenversicherung, Krankenversicherung, Arbeitslosenversicherung und Pflegeversicherung 1500 € ausbezahlt.

☐ Netto [P] ☐ Brutto [T]

b) Frau Schmidt muss für die Ware, die sie im Großhandel gekauft hat, 16 % Mehrwertsteuer bezahlen. Der neue Preis ist:

☐ Netto [A] ☐ Brutto [O]

c) Der Inhalt einer Chipstüte ohne die Verpackung wiegt 160 Gramm.

☐ Netto [W] ☐ Brutto [U]

d) Kerstins Uhr kostet ohne Steuern 60 €.

☐ Netto [E] ☐ Brutto [B]

e) Eine Dose Erbsen wiegt mit Inhalt 550 Gramm.

☐ Netto [E] ☐ Brutto [R]

Lösungswort: ☐☐☐☐☐

Ergänze die Tabelle.

Netto	Brutto (+16 % MwSt.)
120 €	
255 €	
315 €	
95,50 €	
27,75 €	
13,72 €	
123,56 €	

Brutto	Netto (–25 % Rabatt)
150 €	
265 €	
27 €	
51,50 €	
79,25 €	
17,23 €	
345,88 €	

AUFGABEN ZU NETTO UND BRUTTO

A: Garrit verdient im 2. Lehrjahr 668,50 € brutto. Davon werden 10 % für Steuern und 17,5 % für Versicherungen abgezogen. Wie viel € bekommt er ausbezahlt?

B: Für die Reparatur seines Fahrrads muss Cedrik netto 45,90 € zuzüglich 16 % MwSt. bezahlen. Wie viel Geld muss er mitnehmen?

C: Maren hat sich eine Tüte Gummibärchen gekauft und diese auf eine Waage gelegt. 225,6 g wiegt die Tüte, wobei 12,5 % des Gewichts die Verpackung ausmacht. Wie viel Gramm Inhalt hat die Tüte?

D: Eine Pralinenmischung hat ein Gewicht von 732 g. Die Pralinen wiegen zusammen 591,28 g. Was wiegt die Verpackung (Tara)?

E: Stefan kauft im Großmarkt Eis für 6,79 €, Chips für 10,82 €, Limo für 3,29 € und eine neue CD für 9,81 €. An der Kasse wird auf die einzelnen Waren die Mehrwertsteuer wie folgt aufgeschlagen: 7 % auf Lebensmittel, 16 % auf Getränke und Non-Food (Elektroartikel, Kleidung, ...). Wie viel muss Stefan insgesamt bezahlen?

MEHRWERTSTEUER

Die Mehrwertsteuer ist eine Steuer, die jedes Unternehmen an das Finanzamt zahlen muss.
Die Steuer schlägt sich im Warenpreis nieder und ist vom Verbraucher zu zahlen.
Zurzeit beträgt die MwSt. 16 %, nur einige Produkte haben 7 % MwSt.

7 % MwSt.:

- Food (Lebensmittel, landwirtschaftliche Produkte)
- Milchgetränke
- Bücher, Zeitungen

16 % MwSt.:

- Reparaturen
- Non Food (Elektroartikel, Kleidung, Ersatzteile, Spielzeug, Fahrzeuge, Möbel usw.)
- Getränke

A Ich würde gerne eine Kiste Orangen zu 6,60 € kaufen. Aber im Großmarkt wird erst an der Kasse die MwSt. dazugerechnet. Reichen meine 8 € zum Bezahlen?

B 7 % oder 16 %??? Ich bin schon ganz verwirrt. Kannst du mir helfen bei der MwSt.-Zuordnung für Eis, Fernseher, Hamburger, Käse, CD-Player, Erbsen und Limo?!

C Für meine Autoreparatur habe ich 200 € bezahlt. Wie viel Mehrwertsteuer enthält meine Reparaturrechnung, und wie viel hätte ich ohne die Steuer bezahlt??

D Mmmh, beides ist lecker: Saft zu 1,45 € und Chips zu 1,57 €. Aber was ist nun günstiger, wenn auf beides noch die MwSt. kommt??

RABATT UND SKONTO

Ich habe beim Schlussverkauf ein richtiges Schnäppchen gemacht! Die Hose ist 30 % runtergesetzt und kostet nur 28 €.

Weil ich mein Fahrrad in bar bezahlen konnte, habe ich 3 % vom Gesamtbetrag gespart!

Rabatt:

Preisnachlass beim Aus- oder Schlussverkauf oder beim Kauf größerer Mengen

Skonto:

Preisnachlass bei Bezahlung einer Ware mit Bargeld oder bei Bezahlung nach kurzer Zeit

A *Das Handy kostete mal 98 €, ist aber um 35 % heruntergesetzt. Wie viel muss ich dafür bezahlen?*

B *Wenn ich die 500 € in bar bezahle, bekomme ich einen Preisnachlass von 4,5 %. Wie viel muss ich nun bezahlen?*

C *5 € kostet ein Buch. Wenn ich 150 Stück davon. kaufe, bekomme ich einen Mengenrabatt von 15 %.*

D *Wenn ich auf jede Rechnung 3,5 % Skonto bekomme, wie viel muss ich dann insgesamt bezahlen?*

Rechnungen:

Strom:	120 €
Heizung:	275 €
Telefon:	45,35 €
Internet:	21,60 €
Miete:	550 €

PROMILLE

Prozent und Promille

Bei Prozent (%) werden Hundertstelbrüche benutzt.

$35 \text{ von } 100 = \frac{35}{100} = 35\,\%$

Bei Promille (‰) werden Tausendstelbrüche benutzt.

$35 \text{ von } 1000 = \frac{35}{1000} = 35\,‰$

Die Berechnungen für Prozent und Promille sind gleich.

➔ Berechne den Promillesatz *p* ‰.

a) 600 von 1000 ______ **b)** 40 von 250 ______ **c)** 79 von 200 ______ **d)** 3 von 4 ______ **e)** 5 von 8 ______

DARSTELLUNG IM DIAGRAMM

Kreisdiagramm

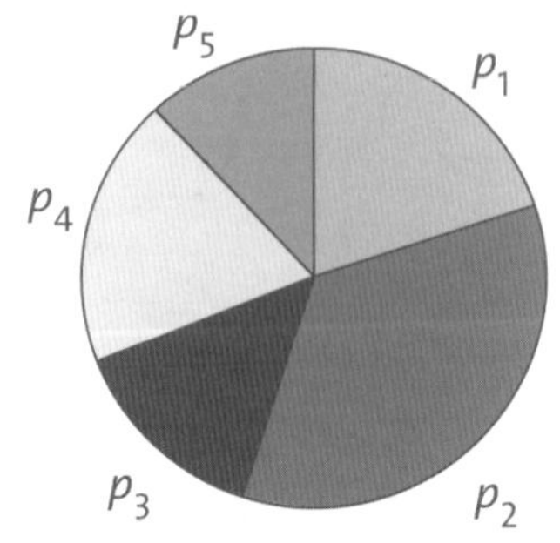

Prozentsätze werden in den Kreis eingezeichnet mit Winkel $p \cdot 3{,}6°$. Alle Flächen ergeben zusammen 100 % und damit 360°.

Balken- oder Säulendiagramm

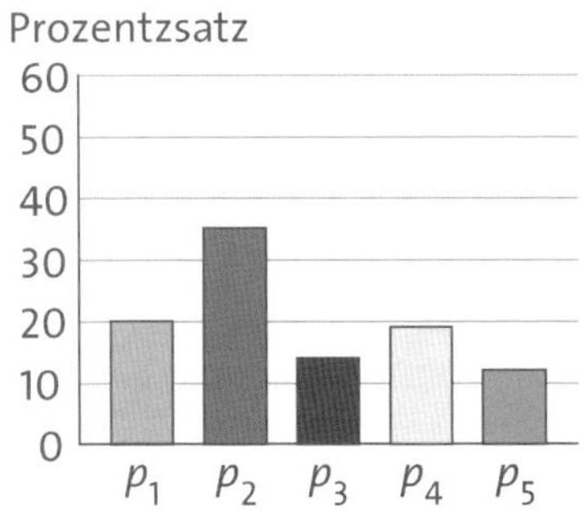

Prozentsätze werden als Balken eingetragen. Alle Balken ergeben zusammen 100 %.

Streifendiagramm

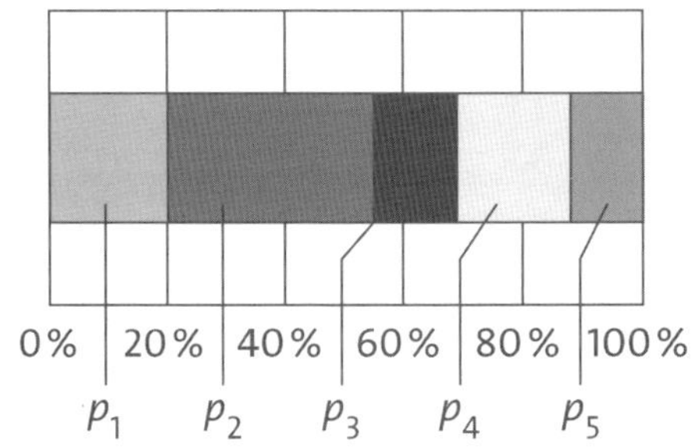

Streifenlängen werden mit $p \cdot$ Maßstab eingezeichnet. Alle Streifen ergeben zusammen 100 %.

p_1 = 20 %
p_2 = 35 %
p_3 = 14 %
p_4 = 19 %
p_5 = 12 %

➔ Stelle die Top-Ten-Liste der Lebensmittel als Balkendiagramm dar:

Milch 20 %	Brot 18%	Butter/Margarine 15 %	Wurst 14 %	Kaffee 11 %
Tee 9 %	Mehl 5 %	Zucker 4 %	Obst 3 %	Bratensoße 1 %

➔ Die Bürgermeisterwahl in Kleinberg hat folgendes Ergebnis gebracht:

Fritz Fuchs 27 % Hilde Heiter 34 % Katja Kahl 26 % Marc Mauser 13 %

a) Stelle das Ergebnis in Form eines Kreisdiagramms grafisch dar.

b) Wer ist neuer Bürgermeister von Kleinberg?

➔ Der Hausmüll eines durchschnittlichen Haushalts setzt sich folgendermaßen zusammen:

30 % Küchenabfälle	16 % Papier, Pappe	10 % Hausstaub (vom Saugen)	9 % Glas
5 % Kunststoff	5 % Textilien	3 % Metall	22 % Sonstiger Abfall

Stelle die Angaben mit einem Streifendiagramm dar.

PROJEKT GUMMIBÄRCHEN

Besorgt euch drei Gummibärchentüten eines bestimmten Herstellers mit jeweils gleichem Gewicht.

Hersteller: ______________________________ Inhalt (Gewicht): ______________________________

Sortiert die Gummibärchen nach Farbe und zählt aus, wie viele Ihr von jeder Farbe habt.

Farbe	rot	grün	gelb	orange	weiß			
Anzahl								

Berechnet die Prozentangaben der einzelnen Farben.

Farbe	rot	grün	gelb	orange	weiß			
Anzahl								
Prozentanteil								

Gummibärchen insgesamt: ______________________________

Stellt die Auswertung mit Hilfe eines Diagramms eurer Wahl grafisch dar und beschriftet dieses.
Tragt anschließend euer Ergebnis der Klasse vor.

PROZENTMIX 1

Ergänze die Tabellen.

a)

Prozentwert *W*	180 €	176 kg	11,7 m	2,85 l	3,15 km	4,93 €
Grundwert *G*	900 €	320 kg	78 m	7,5 l	105 km	5,80 €
Prozentsatz *p* %						

b)

Prozentsatz *p* %	12 %	17 %	8,5 %	$15\frac{1}{2}$ %	11,25 %	$7\frac{3}{4}$ %
Grundwert *G*	50 €	83 l	174 m	970 €	78 kg	85 cm
Prozentwert *W*						

Berechne die einzelnen Prozentwerte (in Stunden) von Toms durchschnittlichem Tagesablauf.

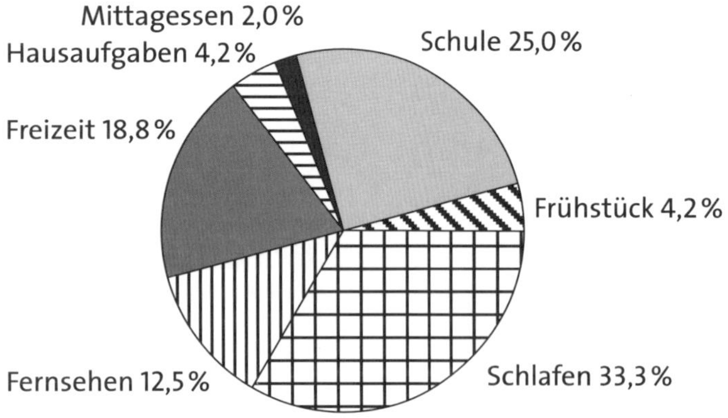

PROZENTMIX 2

Überprüfe, ob die Preisnachlässe richtig berechnet wurden.

Ergänze die Tabellen.

a)

Prozentsatz *p* %	6 %	15 %	2,3 %	54,9 %	97,8 %
Prozentwert *W*	4,20 €	145,5 m	22,08 l	752,13 €	5 476,8 mm
Grundwert *G*					

b)

Prozentsatz *p* %	25 %	13,9 %		5,88 %	
Prozentwert *W*	100 €		250 ml	20,65 m	1 250 Cent
Grundwert *G*		540 kg	4 l		312,50 €

PROZENTMIX 3

Für ihre Urlaubsreise haben sich 800 Befragte für folgende Verkehrsmittel entschieden (Angaben in Prozent):

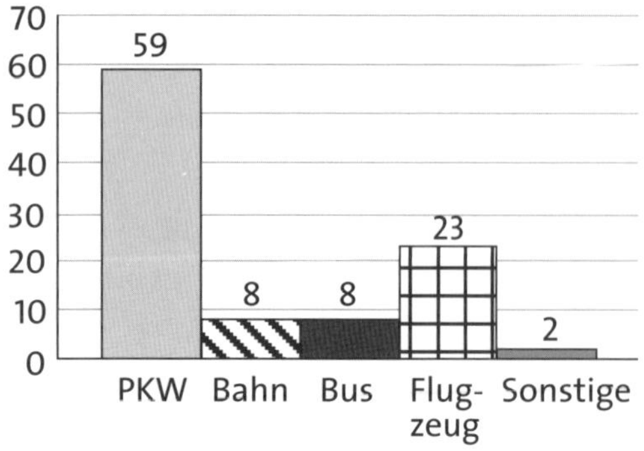

Berechne, wie viele Urlauber die einzelnen Verkehrsmittel benutzt haben.

Pkw: ____________ Bahn: ____________

Bus: ____________ Flugzeug: ____________

Sonstige: ______________________________

ZINSEN

Zinsen

Die Zinsrechnung ist eine besondere Anwendung der Prozentrechnung.

An die Stelle von … (Prozentrechnung)	tritt … (Zinsrechnung)
Grundwert G	Kapital K
Prozentwert W	Zinsen Z
Prozentsatz p	Zinssatz p
	Zeit t
$W = \frac{G \cdot p}{100}$	$Z = \frac{K \cdot p}{100}$

➔ Berechne die Zinsen Z.

a) 60 € bei 5 % für 1 Jahr **b)** 190 € bei 12,5 % für 3 Jahre **c)** 395 € bei 2,5 % für 7 Jahre **d)** 99,90 € bei 17,5 % für 4 Jahre **e)** 378,27 € bei 8,74 % für 8 Jahre

➔ Berechne die Zinsen Z.

a)

Kapital K	800 €	640 €	530 €	3 000 €	2 800 €
Zinssatz p	5 %	7 %	4 %	8 %	3,5 %
Zeit t	1 Jahr	5 Jahre	9 Jahre	12 Jahre	23 Jahre
Zinsen Z					

b)

Kapital K	6 400 €	4 600 €	5 520 €	12 348 €	58 950 €
Zinssatz p	5,6 %	7,3 %	2,5 %	6,2 %	4,6 %
Zeit t	19 Jahre	11 Jahre	1 Jahr	8 Jahre	6 Jahre
Zinsen Z					

AUFGABEN ZU ZINSEN

A

Ich würde gern nur von meinen Zinserträgen meinen Urlaub zu 450 € bezahlen. Reichen meine Zinsen des letzten Jahres dafür, wenn ich 12 000 € mit 5 % verzinst hatte?

B

Ich habe im letzten Jahr mein Konto um 150 € überzogen. Dafür muss ich 12 % Sollzinsen zahlen. Wie viel € sind das doch gleich?

C

Hier sind meine Hausaufgaben. Kannst du mir sagen, welche Aufgaben richtig und welche falsch gerechnet sind, und kannst du die falschen korrigieren? – Danke!!!

1. 50 € bei 2,5 % Zinsen für 1 Jahre = 1,25 €
2. 200 € bei 7 % Zinsen für 5 Jahre = 70,00 €
3. 4 444 € bei 4 % Zinsen für 4 Jahre = 711,04 €
4. 250 € bei 3,5 % Zinsen für 2 Jahre = 76,50 €

D

Im Jahr bekomme ich 480 € Taschengeld. Wenn ich das gesamte Geld auf ein Bankkonto bringe und einen Jahreszins von 3,5 % habe, wie viel Zinsen bekomme ich dann in einem Jahr?

E

Ich möchte gerne bauen. Dafür müsste ich mir 10 000 € von der Bank leihen, also einen Bankkredit aufnehmen. Bei einer Laufzeit von 5 Jahren müsste ich auf das Geld pro Jahr 10 % Zinsen zahlen. Wie viel Zinsen muss ich insgesamt zahlen?

F

Bei Bank A habe ich 1 000 € mit einem Jahreszins von 6,5 % verzinst, bei Bank B 1 200 € mit einem Jahreszins von 4,5 %. Bei welcher Bank habe ich nach einem Jahr mehr Zinsen?

WOHIN MIT DEN ZAHLEN?

Auf dieser Seite siehst du Buchstabenaufgaben, so genannte Kryptogramme, die man wie hier in eine Additionsaufgabe umwandeln kann. Setze für die Buchstaben Zahlen ein, aber pass auf, denn es muss auch alles zusammenpassen.

A:

		D	U
+	I	C	H
	W	I	R

1. Möglichkeit

		7	5
+	1	4	3
	2	1	8

2. Möglichkeit

		☐	☐
+	☐	☐	☐
	☐	☐	☐

3. Möglichkeit

		☐	☐
+	☐	☐	☐
	☐	☐	☐

4. Möglichkeit

		☐	☐
+	☐	☐	☐
	☐	☐	☐

5. Möglichkeit

		☐	☐
+	☐	☐	☐
	☐	☐	☐

B:

		V	I	V	A
+	V	I	D	E	O
	M	U	S	I	K

		☐	☐	☐	☐
+	☐	☐	☐	☐	☐
	☐	☐	☐	☐	☐

C:

	M	A	T	H	E
+		T	E	S	T
	K	R	A	S	S

	☐	☐	☐	☐	☐
+		☐	☐	☐	☐
	☐	☐	☐	☐	☐

PROBIER ES DOCH MAL

Wie viele Kugeln wiegen genauso viel wie die Schachtel?

a)  Die Schachtel wiegt so viel wie ______ Kugeln.

b)  Die Schachtel wiegt so viel wie ______ Kugeln.

c)  Die Schachtel wiegt so viel wie ______ Kugeln.

d)  Die Schachtel wiegt so viel wie ______ Kugeln.

Ergänze die Rechtecke und schreibe die richtige Lösung in das Feld □.

a) $4 \cdot \square = 12$

b) $5 \cdot \square = 35$

c) $8 \cdot \square = 48$

d) $9 \cdot \square = 45$

e) $12 \cdot \square = 72$

f) $14 \cdot \square = 98$

Lösungen: 7, 5, 6, 1, 9, 4, 7, 3, 6, 8

PROBIERGLEICHUNGEN

Hilf Miniwursel, die richtigen Zahlen für das *x* herauszufinden.

a) $9 + x = 15$ — $x =$

b) $16 + x = 37$ — $x =$

c) $65 + x = 49$ — $x =$

d) $12 \cdot x = 60$ — $x =$

e) $19 \cdot x = 152$ — $x =$

f) $23 \cdot x = 253$ — $x =$

g) $2{,}5 \cdot x = 39 - 14$ — $x =$

h) $63 + 8{,}5 - x = 65{,}5$ — $x =$

i) $7x + 4 = 8x$ — $x =$

j) $12 + x = 6 + 2x$ — $x =$

k) $5x - 2 = 8x - 23$ — $x =$

l) $19x - 5 = 5x + 37$ — $x =$

m) $10x + 12 = 132 - 14x$ — $x =$

n) $3{,}5x + 12{,}25 = 40{,}25$ — $x =$

o) $2{,}25x - 12{,}5 = x - 7{,}5$ — $x =$

Lösungen: 3, 6, 11, 8, –16, 6, 10, 5, 21, 7, 8, 6, 5, 4, 4

ÄQUIVALENZUMFORMUNG

Äquivalenzumformung

-5	$4 \cdot x + 5$	$=$	13	-5
	$4 \cdot x + 5 - 5$	$=$	$13 - 5$	
$:4$	$4 \cdot x$	$=$	8	$:4$
	$(4 \cdot x) : 4$	$=$	$8 : 4$	
	x	$=$	2	

➔ Löse die Gleichungen.

a) $x + 8 = 19$
______ = ______
x = ______

b) $x + 27 = 53$
______ = ______
x = ______

c) $96 \cdot x = 1632$
______ = ______
x = ______

d) $22 \cdot x = 2134$
______ = ______
x = ______

e) $x - 93 = 81$
______ = ______
x = ______

f) $x - 153 = 47$
______ = ______
x = ______

g) $6 \cdot x = 263 - 107$
______ = ______
x = ______

Lösungen: $+93$ -8 $:6$ -27 $:22$
11 $:96$ $+93$ -27 26 $+153$
174 -8 $:6$ 97 17 200 26
$:96$ $:22$ $+153$

AUFGABEN ZU GLEICHUNGEN

➔ Wer muss wo parken? Ordne den Aufgaben die richtige Lösung zu.

A: $2x + 18 = 12$	B: $45 + 7x = 3$	C: $12x + 33 = 129$	D: $13x - 32 = -6$

E: $9x - 21 = -3$	F: $10x + 19 = -31$	G: $-52 + 8x = -4$	H: $-14 + 11x = -91$

➔ Löse nach *x* auf.

a) $\frac{5x}{4} + \frac{2}{3} - \frac{7}{6}x = \frac{4}{3}$

b) $-42 + \frac{5}{6}x = 13$

c) $16{,}3 = \frac{1}{2}x + 37{,}5$

TEXTGLEICHUNGEN

A Ich habe vorgestern 4 SMS bekommen und drei davon gelöscht. Gestern bekam ich 5 neue Nachrichten. Insgesamt zeigt mein Speicher 21 Nachrichten an. Wie viele SMS habe ich heute bekommen?

B Von unserer Sammelbestellung von insgesamt 25 Büchern sind nur 9 Bücher eingetroffen. Wie viele Bücher wurden nicht geliefert?

C Die 88 °C in der Sauna sind viermal so warm und noch 8 °C wärmer als es im Umkleideraum ist. Wie warm ist es im Umkleideraum?

D Wenn ich die 5 CDs und das PC-Spiel für 17 € kaufe, muss ich 66,50 € bezahlen. Was kostet eigentlich eine CD?

E Wursel-Opa ist 9-mal so alt wie Miniwursel, zusammen sind sie 80 Jahre alt. Wie alt ist Miniwursel?

F Die Tischplatte ist doppelt so lang wie breit und hat einen Umfang von 360 cm. Wie breit ist die Tischplatte?

AUFGABEN ZU UNGLEICHUNGEN

Die Waage soll *nicht* ins Gleichgewicht geraten. Wie viele Kugeln kannst du für die Schachtel drauflegen? Schreibe alle möglichen Lösungen auf.

a)

b)

c)

d)

Löse die Ungleichungen. Notiere alle möglichen Lösungen für x aus **Z**.

a) $x + 5 < 10$

b) $x - 4 < 2$

c) $5x > 15$

d) $2x + 12 > 10$

e) $1 < 3x + 4$

f) $6x - 10 < x$

g) $-x + 16 < 3x$

h) $4 - 3x < -x - 2$

i) $5 - x > 3x - 3$

TEXTUNGLEICHUNGEN

A

Von meinem 100 cm langen Stab will ich 3 gleich große Teile absägen, es müssen aber mindestens 70 cm übrig bleiben. Wie groß können meine Stücke sein?

B

Unsere Fahrradtour besteht aus 5 Etappen von insgesamt 30 km. Die fünfte Etappe soll mindestens 10 km lang sein. Wie können wir unsere Etappen aufteilen?

C

Ich habe 2000 ml Limo und möchte diese auf fünf Personen verteilen. Jeder soll dieselbe Menge bekommen. Für mich möchte ich aber wenigstens 0,5 l übrig lassen. Wie kann ich aufteilen?

D

Bitte hilf mir die Ungleichung zu lösen für x aus $\mathbb{Z}$:

$$2x + 6 > 22 - 3x + 19$$

E

Ich soll verschiedene Quadrate mit geradem, ganzzahligem Maß zeichnen, der Umfang darf aber nicht größer als 98 cm sein. Wie lang können meine Quadratseiten sein?

F

Löse die Ungleichung für x aus $\mathbb{Z}_+$:

$$24 + 18x + 4 - 2x > 14x + 24 + 4x$$

GLEICHUNGSMIX

Hier kannst Du einige mehr oder weniger bekannte Daten erfahren. Du musst dazu nur die Gleichungen lösen. Die Zahl, die du für das *x* erhältst, kannst du jeweils als Lösung in das Kästchen eintragen.

a) Ein Nilpferd ist durchschnittlich ☐ m lang.

Lösungsgleichung: $-56 = x - 60$

b) Ein Volleyball wiegt etwa ☐ g.

Lösungsgleichung: $5x - 98 = 3x + 442$

c) Ein Eisbär wiegt durchschnittlich ☐ kg.

Lösungsgleichung: $-26 + \frac{x}{10} - 44 = 10$

d) Eine Eiche kann ☐ Jahre alt werden.

Lösungsgleichung: $\frac{5}{10}x - \frac{2\,800}{20} = 210$

e) Der Nil hat eine Länge von ☐ km.

Lösungsgleichung: $x - 6\,611 - 59 = 1$

f) Die ersten Briefmarken gab es ☐ in England.

Lösungsgleichung: $2x + \frac{x}{2} = 4\,600$

Lösungen

Seite 5

a) +2 °C **b)** −6 °C **c)** +8 °C **d)** +15 °C **e)** −20 °C **f)** +70 °C

a) +10 °C **b)** +8 °C **c)** −6 °C **d)** +17 °C **e)** −12 °C
f) +26 °C **g)** −23 °C **h)** −19 °C **i)** +77 °C

Richtig sind: +11 °C, +1 °C, +35 °C, −44 °C.
Falsch sind: +4 °C, +40 °C, +13 °C, −60 °C.

Seite 6

a) +13 °C, +12 °C, +8 °C, −6 °C, −10 °C
b) +5 °C, +24 °C, +12 °C, −3 °C, −15 °C
c) +8 °C, −15 °C, −9 °C, −7 °C, +5 °C
d) Anfangstemp. +70 °C, +92,5 °C, +96,5 °C
Temp. Änderung −38,5 °C, −72,5 °C, +21 °C, −30,5 °C, −51 °C
Endtemp. −43,5 °C

Seite 7

2) Hügelberg-Wiesenaue: 540 m − 30 m = 510 m
3) Wiesenaue-Hochberg: 1830 m − 30 m = 1800 m
4) Hochberg-Tieftal: 1830 m + 80 m = 1910 m
5) Tieftal-Gipfelsturm: 80 m + 1835 m = 1915 m
6) Gipfelsturm-Endtal: 1835 m + 135 m = 1970 m
Lösungswort: ALPEN

Seite 8

Richtig: a, b, d, e. Falsch: c, f, g, h

Ägypten: c Phönizier: d Griechen: e
Chinesen: f Kolumbus: a Euro: b

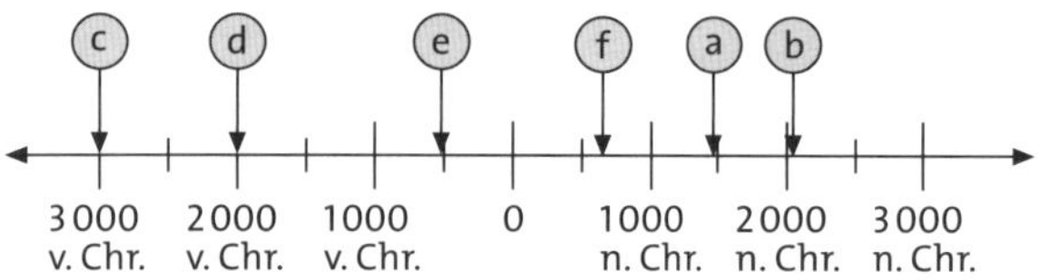

Seite 9

a) +1 **b)** +2,5 **c)** +3,5 **d)** +5
e) +6,5 **f)** +7,5 **g)** +11,25 **h)** +13

a) −60 **b)** −45 **c)** −30 (r) **d)** −25 **e)** −5
f) +5 **g)** +20 **h)** +35 **i)** +52,25 (r)

Seite 10

1: 50 cm 2: 215 cm 3: 100 cm 4: 265 cm 5: 120 cm 6: 180 cm
Schnellste Schnecke: Nummer 4

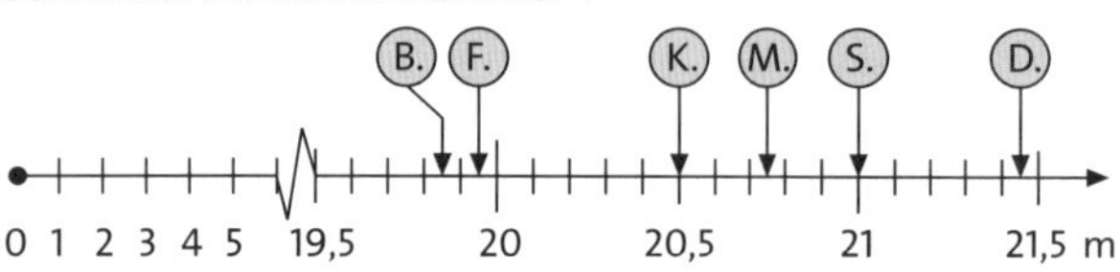

Berlin	1h	12^{00}	Rio	3h	8^{00}
Chicago	6h	5^{00}	Sydney	10h	21^{00}
Moskau	3h	14^{00}	Tokio	9h	20^{00}
New York	5h	6^{00}			

Seite 11

a) −7,25 **b)** +1,5 **c)** −6 **d)** +6,25
e) −3,25 **f)** +3,75 **g)** −1 **h)** +7,5
i) −4,25 **j)** +5 **k)** −2,25 **l)** +2,5

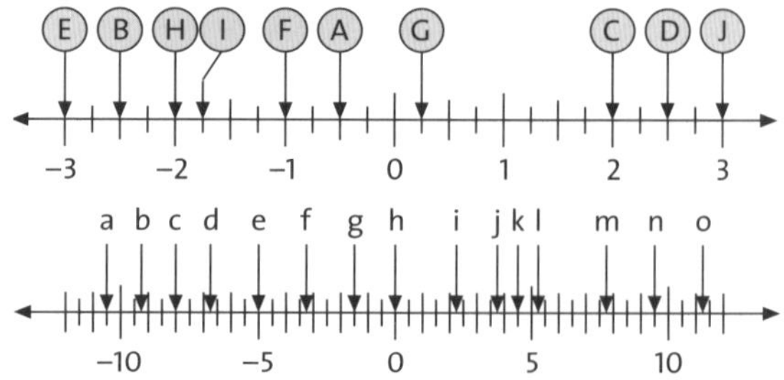

Seite 12

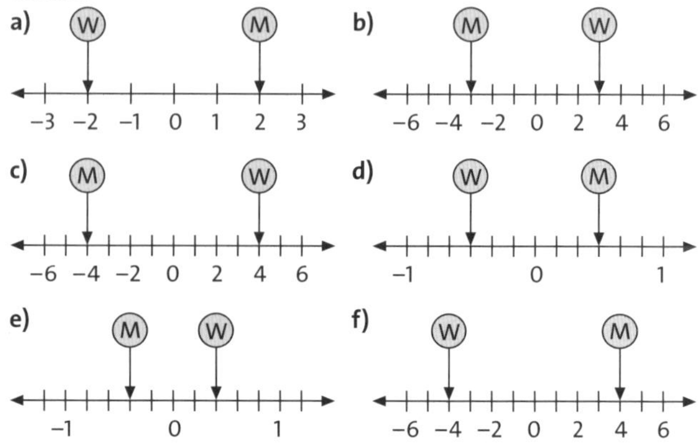

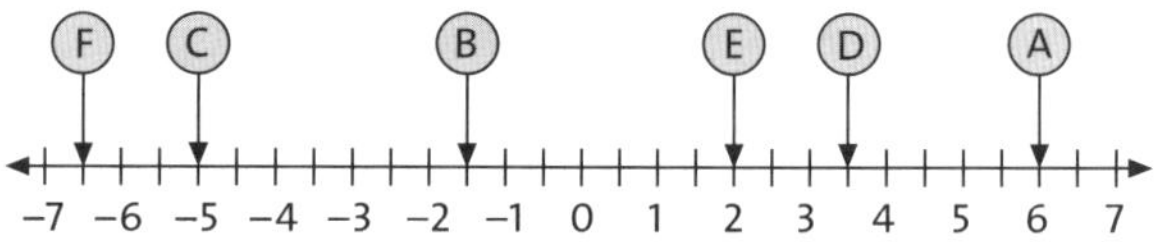

A: (−6/+6) **B:** (+1,5/−1,5) **C:** (+5/−5)
D: (−3,5/+3,5) **E:** (−2/+2) **F:** (+6,5/−6,5)

Seite 13

a) 3, 6, 19, 22 **b)** 5, 12, 7, 56

a) (+3/−3), (+7/−7), (+15/−15), (+29/−29)
b) (+155/−155), (+623/−623), (+1025/−1025), (+25 369/−25 369)

Seite 14

a) 8 **b)** 1 **c)** 0,47 **d)** 15 **e)** 12
f) 3,98 **g)** 23,71 **h)** $\frac{6}{15}$ **i)** $\frac{1}{4}$

a) $|+3| = |-3|$ **b)** $|+1678| = |-1678|$ **c)** $|+79| = |-79|$
d) $|+0{,}83| = |-0{,}83|$ **e)** $|+17{,}46| = |-17{,}46|$ **f)** $|+3\frac{1}{7}| = |-3\frac{1}{7}|$

a) −9 **b)** +128 995 **c)** $-\frac{1}{9}$ **d)** +128
e) −956,25 **f)** $+\frac{11}{55}$ **g)** +43,7 **h)** −0,04

Seite 15

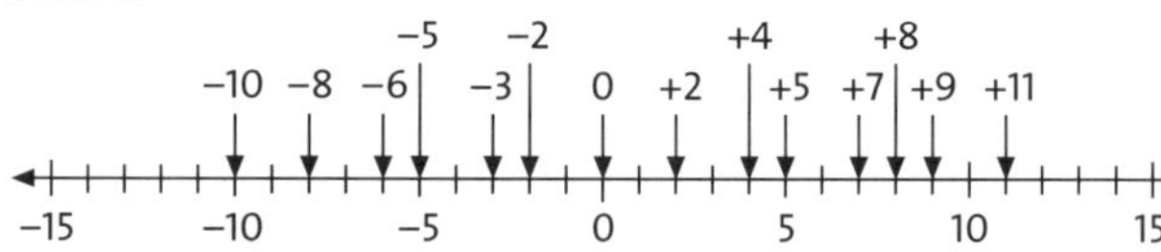

a) +11 > +9 > +8 > +7 > +5 > +4 > +2 > 0 > −2 > −3 > −5 > −6 > −8 > −10
b) −10 < −8 < −6 < −5 < −3 < −2 < 0 < +2 < +4 < +5 < +7 < +8 < +9 < +11

Seite 16

a) <; <; < **b)** >; =; = **c)** >; >; > **d)** =; >; <

a) $+1987 > +32 > +1{,}8 > +\frac{3}{4} > +0{,}01 > 0 > -0{,}01 > -\frac{1}{2} > -0{,}9 > -265$
b) $-265 < -0{,}9 < -\frac{1}{2} < -0{,}01 < 0 < +0{,}01 < +\frac{3}{4} < +1{,}8 < +32 < +1987$

Seite 17

2.	Bayern München	+20
3.	Bor. Dortmund	+18
4.	Hansa Rostock	+15
5.	Hertha BSC	+13
6.	Bor. M'gladbach	+10
7.	Schalke 04	−5
8.	VfB Stuttgart	−8
9.	Werder Bremen	−9
10.	Hannover 96	−12
11.	Energie Cottbus	−17
12.	1. FC Nürnberg	−21

−4,89 % (ToiToi) < −3,75 % (TeleMa) < −2,3 % (Prillan) < −1,5 % (Schlauer) < +0,5 % (Bajo) < +0,75 % (Clemens) < +2 % (Alfo) < +2,56 % (DMuT) < +3,78 % (Luftadler) < +4,5 % (UWe)

Seite 18

Start	R	L	Stellen	Start	R	L	Stellen
+8	×		2	−86		×	75
+6	×		12	+109	×		16
+25	×		16	−93	×		88
−16	×		11	−11	×		159
−25	×		33	+56		×	52
−54	×		62	−119		×	100
+12		×	65	+257	×		358
+52		×	45	−678	×		282
−11		×	33	+694		×	598
−45		×	24	−359		×	673

Seite 20

a) −2; −2; +14; −4; +21; +6; −13; −17
b) +3; −2; −10; −17; −13; +22; +8; +16

−4; −13; −3; −20; +15; +21; +2; −9; −14; −17; −9; +2; +6; −12; −13; +1; +14; −7; −14

Seite 21

1: −69,02 **2:** −2,4 **3:** $-\frac{1}{20}$ **4:** $-\frac{1}{6}$ **5:** $-4\frac{7}{8}$
6: −4 **7:** +6,41 **8:** $+5\frac{5}{7}$ **9:** $-4\frac{3}{5}$ **10:** $-12\frac{23}{35}$

(Von oben nach unten): −15,1 (Platz 5); +1,16 (Platz 3); +4,9 (Platz 2); −12,8 (Platz 4); +17,8 (Platz 1); Sieger ist Wurbi.

Seite 22

Richtig: a, d, e, g, i, k, n, o, q
b) −36 **c)** −458 **f)** −6 **h)** 0 **j)** −1,2 **l)** 0
m) −16,05 **p)** $-1\frac{7}{20}$ **r)** −19,13

Seite 23

(+8) + (−2) = +6	(−86) + (+75) = −11
(+6) + (−12) = −6	(+109) + (−18) = +91
(+25) + (−16) = +9	(−93) + (−88) = −181
(−16) + (−11) = −27	(−11) + (−159) = −170
(−25) + (−33) = −58	(+56) + (+52) = +108
(−54) + (−62) = −116	(−119) + (+100) = −19
(+12) + (+65) = +77	(+252) + (−358) = −106
(+52) + (+45) = +97	(−678) + (−282) = −960
(−11) + (+33) = +22	(+694) + (+598) = +1292
(−45) + (+24) = −21	(−359) + (+632) = +273

168; 621; 600; 595.

Seite 24

a) (−6) + (−2) = −8
(+7) + (+11) = +18
(−8) + (−19) = −27
(+19) + (+22) = +41
(+20) + (−11) = +9
(−13) + (−23) = −36

b) (−5) + (−6) = −11
(−14) + (−7) = −21
(−16) + (+4) = −12
(−26) + (+1) = −25
(+42) + (+35) = +77
(−61) + (−40) = −101

(−22) + 0 = −22
0 + (+37) = +37
(+18) + 0 = +18
(−14) + (−30) = −44

Labyrinth: +8; −2; +17; −18; −24; +15; −33; −18; −29; −56; −19; −32; −13

Seite 25

1: −65,12 **2:** +61,7 **3:** +1 **4:** $-2\frac{2}{9}$ **5:** $-1\frac{3}{8}$
6: +105 **7:** −50,66 **8:** $-8\frac{2}{7}$ **9:** +136 **10:** $-5\frac{33}{35}$

(Von oben nach unten): +15,82 (Platz 3); +0,81 (Platz 4); ($-11\frac{6}{7}$) (Platz 5); +21 (Platz 2); $+53\frac{1}{6}$ (Platz 1); Wurbi ist Sieger.

Seite 26

Richtig: a, e, h, i, l, m, n, o
b) +90 **c)** −1 332 **d)** $+5\frac{7}{15}$ **f)** −4,5 **g)** +0,87 **j)** +10,2
k) +95,85 **p)** +0,15 **q)** −2,65 **r)** +1,05

Seite 27

+21	>	−5	+13
3,5	<	−54	−16
|+25,357|; |−25,357|	>	−5,52	24,92
$+\frac{9}{12}$	=	$-\frac{17}{12}$	$+\frac{5}{28}$
keine	=; =; =	$+11\frac{13}{20}$	−23,6

Seite 28

a) (+3) + (+5) = +8
b) $(+\frac{3}{4}) + (+\frac{1}{2}) = +1\frac{1}{4}$
c) (+6) + (−9) = −3
d) $(-\frac{6}{2}) + (+\frac{2}{6}) = -2\frac{2}{3}$
e) (−3) + (+12) = +9
f) $(-\frac{1}{8}) + (-\frac{12}{6}) = -2\frac{1}{8}$
g) (−12) + (−2) = −14
h) $(+\frac{3}{9}) + (-\frac{4}{3}) = -1$
i) (+1,7) + (+3,5) = +5,2
j) $(0,75) + (+\frac{3}{4}) = +1,5$
k) (−12,2) + (−5,2) = −17,4
l) (−0,33) + (−12) = −12,33
m) (+15) + (−15,7) = −0,7
n) (−115,1) + (+4,8) = −110,3
o) (+2,1) + (−0,44) = +1,66
p) (−0,12) + (+0,12) = 0

Seite 29

a) (+9) + [(+6) + (+17)] = +32
b) (−12) + [(+3) + (−5)] = −14
c) [(+55) + (−19)] + (−38) = −2
d) (+3,5) + [(−4,2) + (+18,5)] = +17,8
e) [(−9,45) + (−15,62)] + (+8,3) = −16,77
f) (−0,25) + [(−13,56) + (+80,9)] = +67,09
g) $(+\frac{1}{2}) + [(+\frac{1}{4}) + (+\frac{3}{4})] = +1\frac{1}{2}$
h) $[(+\frac{2}{6}) + (-\frac{1}{3})] + (+\frac{7}{9}) = +\frac{7}{9}$
i) $[(-\frac{5}{12}) + (-\frac{13}{24})] + (-\frac{3}{4}) = -1\frac{17}{24}$
j) $(+9,5) + [(-\frac{6}{10}) + (+\frac{3}{2})] = +10,4$
k) $[(-12,8) + (-\frac{7}{5})] + (-\frac{13}{2}) = -20\frac{7}{10}$

Seite 30

a) 15; 7; −1; 3,6; −243; $\frac{5}{6}$
b) 20; 12; −4; −1; 5; −5,2
c) 7 + 11 = 18 −3 + 1 = −2 8 − 4 = 4
10 − 20 = −10 −12 − 12 = −24 −3 + 4 = 1

Seite 31

a) 27 + 38 = 65 −75 + 29 = −46
119 − 41 = 78 −33 − 86 = −119
b) 65 − 67 = −2 −91 − 44 = −135
17 + 57 = 74 −73 + 61 = −12
c) 3,8 − 8,6 = −4,8 9,8 − 6,2 = 3,6
−4,5 − 5,3 = −9,8 −1,7 + 8,9 = 7,2
d) $\frac{1}{2} - \frac{3}{4} = -\frac{1}{4}$ $\frac{5}{7} + \frac{4}{6} = 1\frac{8}{21}$
$-\frac{9}{10} + \frac{1}{4} = -\frac{13}{20}$ $-\frac{3}{8} + \frac{9}{32} = -\frac{3}{32}$

a) 16 − 4 − 7 + 6 − 8 + 95 = 98
b) 19 − 3 − 9 + 10 − 12 + 78 = 83
c) 55 + 23 − 61 + 17 − 33 + 25 = 26
d) 47 + 43 + 72 − 28 − 26 + 34 = 142
e) 11 − 12 − 38 + 25 + 18 − 6 + 3 − 8 = −7

Seite 33
a) (−17); −12; −16; −19; 1; 16; 5; −3; 21; −18; −12; −22; 18; 5; (13)
b) (+20); 5, −5; −18; 7; −2; −8; −15; 8, 4; 4; 18; 21; −16; (−17)

Seite 34
−3; -1; −2; −2; +1; +1; +4; +3; −2; +1; −2; −1; −2; −4; +1

A: −23,9 **B:** −629,35 **C:** 50 **D:** 0 **E:** 16,5 **F:** 6,6

Seite 35
a) 15
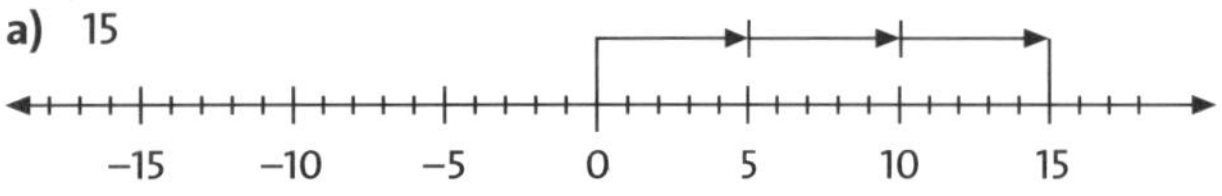

b) −16
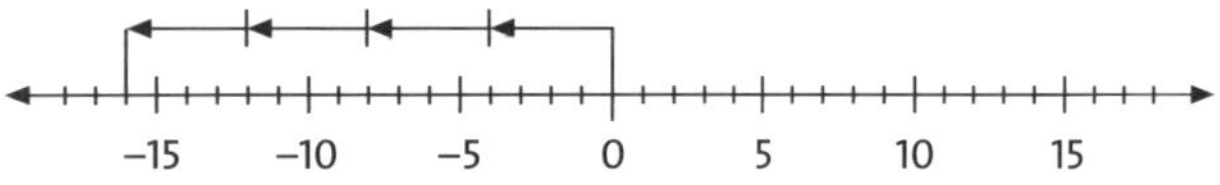

c) −18
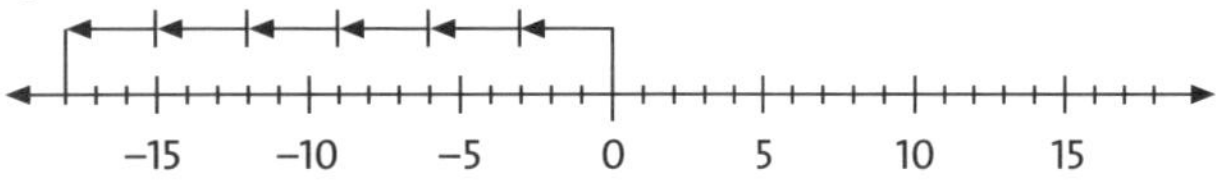

d) 14
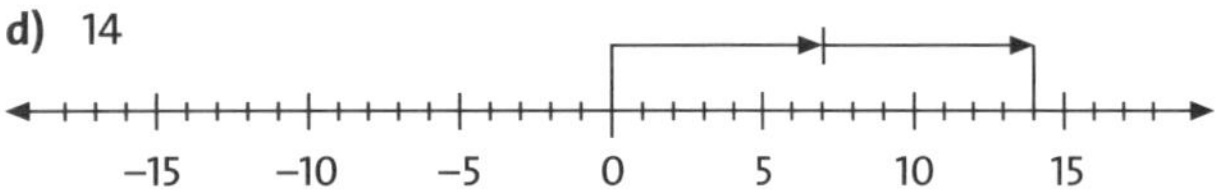

a) 8; 99; −95; 96; −70; −51; 78; 175
b) −18; −63; 24; 16; −770; −720; −216; −420

Seite 36
1: 571,428 **2:** −603,72 **3:** $-\frac{3}{5}$ **4:** $-\frac{1}{3}$ **5:** $5\frac{15}{32}$
6: −26,25 **7:** −1485,12 **8:** $-\frac{41}{49}$ **9:** −841,52 **10:** $39\frac{27}{35}$

(Von oben nach unten): 45 (Platz 1); −4 (Platz 3); −21,06 (Platz 5); −10,35 (Platz 4); 30,84 (Platz 2); Wursel ist Sieger.

Seite 37
Richtig: a, d, e, i, k, l, p, r
b) −1701 **c)** −391115 **f)** $+3\frac{15}{16}$ **g)** 0,046 **h)** −7,4529
j) −25,65 **m)** −4,075 **n)** +238,65 **o)** −22 **q)** 284,7

Seite 38
a)
−96 −152 −133 105
−253 −437 −703
−1596 −608
3551

b)
−51
15,25 3,05
−2,55 $-3\frac{29}{30}$ 7

Start bei 6: −18; −162; 81; 20,25; −60,75; −12,15; 48,6; 486; −97,2; 145,8; 729.
Start bei 729: 3645; −364,5; −182,25; 364,5; 1458; −7290; 1; 0,75; 3; −2.

Seite 39
a)

3 · (4 + 7)	33
9 · (5 + 8)	117
7 · (12 + 15)	189
10 · (14 + 17)	310
23 · (22 + 8)	690
19 · (35 + 49)	1596

b)

3,5 · (7 + 5)	42
7,25 · (4 + 6)	72,5
5,05 · (3 + 8)	55,55
$\frac{1}{2} \cdot (2 + 4)$	3
$\frac{1}{4} \cdot (\frac{1}{2} + \frac{3}{4})$	$\frac{5}{16}$
$\frac{3}{4} \cdot (5{,}5 + 7{,}25)$	$9\frac{9}{16}$

Richtige Form bei **a)** und **c)**.
b) 12 · (7 + 17); **d)** 5,5 · (17,8 + 3,6); **e)** $5{,}23 \cdot (\frac{1}{2} + \frac{3}{4})$
Ergebnisse: **a)** 1716 **b)** 288 **c)** $1\frac{9}{16}$ **d)** 117,7 **e)** $6\frac{43}{80}$

Seite 40
a) 4; 2; 5; −4; −4; −6; −8; −4; 4; 5
b) 7; 15; −21; 9; −9; 18; 17; −26; −15; 17

Die fehlenden Zahlen sind: 4410; 367,5; 73,5; 3.

Seite 41
1: 1,38 **2:** −2,925 **3:** $-\frac{3}{5}$ **4:** $-1\frac{1}{3}$ **5:** $1\frac{11}{14}$
6: $-\frac{7}{15}$ **7:** −5 **8:** $-\frac{1}{41}$ **9:** −16 **10:** $\frac{49}{60}$

3 (Platz 1); −4,5 (Platz 4); 2 (Platz 2); −6,25 (Platz 5), −3 (Platz 3); Wursel ist Sieger.

Seite 42
Richtig: b, g, j, l, p, r.
a) −7,3; **c)** −2,5; **d)** $-2\frac{7}{25}$; **e)** −9,7; **f)** 7; **h)** −1;
i) −8; **k)** −13,5 **m)** −6,7 **n)** 4 **o)** −3,25 **q)** 3

Seite 43

37	68	−144	−8
−36	50	−60	5
8,9	−0,39	$1\frac{223}{512}$	+3
10,64	25	Assoz./Kommut.	$\frac{99}{112}$
$-10\frac{7}{8}$	−14,25	0	$-2\frac{1}{2}$

Seite 44
a)

9	4	11	−1	−4
0	−5	2	−10	−13
11	6	13	1	−2
−6	−11	−4	−16	−19
−10	−15	−8	−20	−23

b)

3	8	1	13	16
−6	−1	−8	4	7
5	10	3	15	18
−12	−7	−14	−2	1
−16	−11	−18	−6	−3

a) [(−7 + 16) · (−6)] : (−12) = 4,5
b) [8 · (−4) − (−12)] : (−5) = 4
c) 27 − (−7) · (−3) + (−29) = −23

Seite 45
a) [(−3) · 5 + (−6) · (−4)] : (−3) = −3
b) (−6) · (−10) − (−18 + (−22)) = 100
c) [(−4 + (−11)) · (7 − (−4))] : (−15) = 11

a)
−12 +6
−11 −1 +7
−5 −6 +5 +2

b)
+3 +8 −6 −68
−5 +14 +62
−19 −48

Seite 46
a)

	−0,5		
	0,4	0,3	0,1
0,2			0,5
		0,8	−0,6

b)

	4,5			
	−1,5	4	−3,5	
1	−6,5		2,5	−2,5
		−6,5		2,5
	−4,5			

a) −7; $-\frac{5}{8}$; −1; 0; 4 **b)** 1; −6,5; $1\frac{11}{12}$; $\frac{1}{4}$; $\frac{11}{12}$

Seite 47
a) Berlin: B; Bremen: HB; Dresden: DD; Frankfurt: F; Hamburg: HH; Hannover: H; Köln: K; Leipzig: L; München: M; Stuttgart: S
b) F: 8 HH: 1 M: 10 DD: 5 S: 9 HB: 2 L: 6 H: 4 B: 3 K: 7

A: 5 B: 4 C: 1 D: 2 E: 3

Seite 48
Jan.: 18 000 ⊕ Febr.: 25 000 März: 24 000 April: 24 000
Mai: 20 000 Juni: 19 000 Juli: 15 000 Aug.: 14 000
Sept.: 12 000 ⊖ Okt.: 10 000 Nov.: 18 000 Dez.: 23 000

Seite 49
Geschäft A:

kg	1	2	3	4	5	6	7	8	9	10
€	1,50	3	4,50	6	7,50	9	10,50	12	13,50	15

LÖSUNGEN
Rechnen mit ganzen und rationalen Zahlen

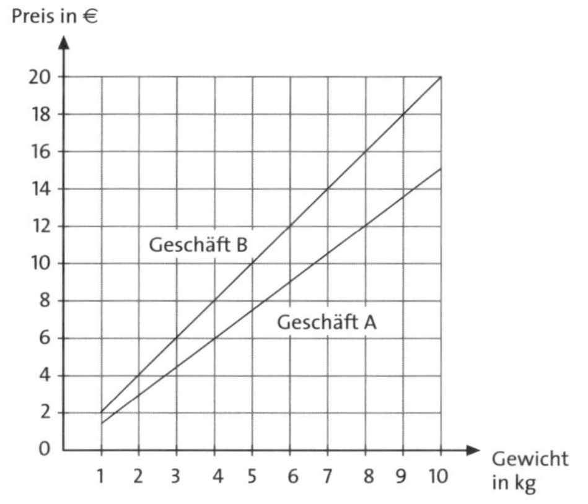

Geschäft A ist günstiger.

Seite 50

12; 15; 18; 21; 24

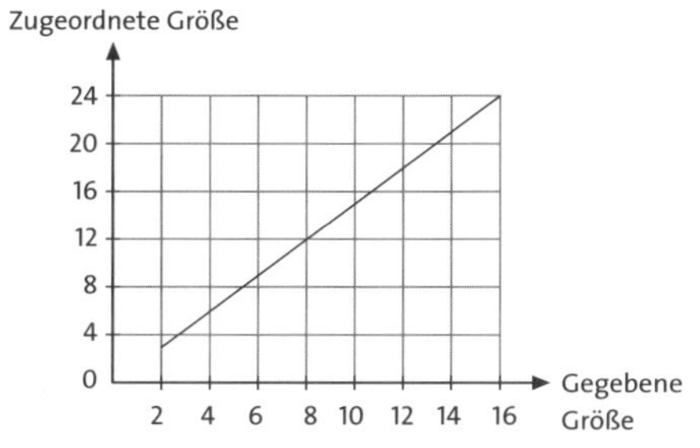

Seite 51

proportional: a; c; d   nicht proportional: b; e
Lösungswort: SUPER

Seite 52

a) (:8) $\frac{1}{4}$ (:8)
(·27) 6,75 (·27)

b) (:6) 7 (:6)
(·43) 301 (·43)

c) (:5) 20 (:5)
(·19) 380 (·19)

d) (:6) 6 (:6)
(·10) 60 (·10)

Seite 53

A: 640 Kugeln   B: 864 Riegel   C: 384 T-Shirts
D: 8,75 €   E: 40 km   F: 1410 km

Seite 54

a) 6 Spieler   b) 168 €   c) 7,84 €
d) 0,72 €; 21,60 €   e) 283,5 km   f) 112 l

Seite 55

a) (:8) 32 (·8)
(·16) 2 (:16)

b) (:6) 36 (·6)
(·18) 2 (:18)

c) (:50) 250 (·50)
(·125) 2 (:125)

d) (:3) 27 (·3)
(·6) 4,5 (:6)

Seite 56

A: 1 Stunde   B: 3 Riegel   C: 12-mal
D: 27 Stunden   E: 3 Stunden   F: 4 Stunden

Seite 57

a) 0,5 kg b) 50 g c) 330 m² d) $8\frac{3}{4}$ h e) 0,4 l f) 80 min.

Seite 58

proportional: C; D; F; H; I; L   antiproportional: A; B; E; G; J; K
A, C, E sind äußerst fragwürdige Aussagen.

Seite 59

A: 45 CDs   B: 3 Stunden

a)	6,8	13,6	20,4	27,2	34	40,8
b)	45	15	9	5	4,5	2,5
c)	5,07	6,76	9,62	11,31	13,65	17,68

Seite 60

a)	6,25	18,75	56,25	62,50	81,25	112,5
b)	45	56	72	97,5	115	169
c)	1,6	1,2	0,6	0,4	0,3	0,2

A: 275,50 €   B: 9-mal fahren

Seite 61

Annika: 15, Katja: 5, Petra: 5.
a) 30 %; 70 %; 55 %; 95 %; 52 %; 84 %; 76 %; 94 %
b) 50 %; 75 %; 20 %; 30 %; 15 %; 17 %; 11 %; 72 %

a) $\frac{1}{10}; \frac{1}{2}; \frac{19}{100}$ b) $\frac{1}{5}; \frac{1}{4}; \frac{3}{8}$ c) $\frac{3}{10}; \frac{3}{20}; \frac{5}{8}$

Seite 62

$\frac{999}{999} = 100\,\%$; $\frac{4}{5} = 80\,\%$; $\frac{5}{8} = 62;5\,\%$; $\frac{59}{100} = 59\,\%$; $\frac{750}{2000} = 37,5\,\%$; $\frac{5}{25} = 20\,\%$

a) 20 %   b) 25 %   c) 50 %   d) 75 %   e) 70 %
f) 33,3 %   g) 8,3 %   h) 25 %   i) 50 %

Seite 63

a) 17 %; 19 %; 33 %; 25 %; 74 %; 95 %; 70 %; 31 %
b) 7,6 %; 29,6 %; 5 %; 9,375 %; 5 %; 1,85 %; 12 %; 10 %

Seite 64

A: 25 %   B: 20 %   C: 37,5 %   D: 67,2 %   E: 70,78 %
F: 66,67 %; 20 %; 10 %, 3,33 %

Seite 65

a) 20 €; 144 €; 1400 €; 16 m; 4,5 cm; 0,3; 66; 24,7
b) 1,125; 6,624; 0,131 25; 0,007 5; 0,255; 6,435; 0,012 5; 0,000 5

Seite 66

A: 19 Teller   B: 40; 54. 10; 0,91   C: 27 SMS
D: 900   E: 302,68 km, 157,32 km   F: 150 g Brennnesseln; 125 g Moos; 125 g Pilze; 40 g Senf; 60 g Vanillepudding

Seite 67

a) 150 €; 160 €; 800 €; 2400 €; 350 h; 900; 250; 600
b) 210; 430; 76; 0,8; 400; 2 500; 1 000; 12 229,73

Seite 68

A: 30 km   B: 119,04 €; 89,28 €   C: 25 Schüler
D: 55 kg   E: 100   F: 30 Schüler

Seite 69

a) 120 €   b) 109,25 kg   c) 200,65 cm

a) 988 €   b) 303,75 g   c) 696,5 l

A: 10,91 €   B: 56,25 €

Seite 70

a) 437 €   b) 798 g   c) 5 081,3 cm

a) 874 €   b) 11,25 m   c) 5 903,045 g

A: 81 €   B: 191,40 €

Seite 71

a) Netto b) Bruttto c) Netto d) Netto e) Brutto
Lösungswort: POWER

Brutto: 139,20 €; 295,80 €; 365,40 €; 110,78 €; 32,19 €; 15,92 €; 143,33 €
Netto: 112,50 €; 198,75 €; 20,25 €; 38,63 €; 59,44 €; 12,92 €; 259,41 €

Seite 72

A: 484,66 € B: 53,24 € C: 197,4 g D: 140,72 g E: 34,04 €

Seite 73

A: Ja, das Geld reicht. Die Orangen kosten 7,06 €.
B: 7 %: Eis, Hamburger, Käse, Erbsen.
16 %: Fernseher, CD-Player, Limo

C: 16 % MwSt.; 172,41 €
D: Saft: 1,68 €; Chips: 1,68 €; beides gleich.

Seite 74
A: 63,70 € **B:** 477,50 € **C:** 637,50 € **D:** 976,53 €

Seite 75
Angaben in ‰: **a)** 600 **b)** 160 **c)** 395 **d)** 750 **e)** 625

A: 0,5 ‰ **B:** 2,33 g

Seite 76
Top Ten der Lebensmittel

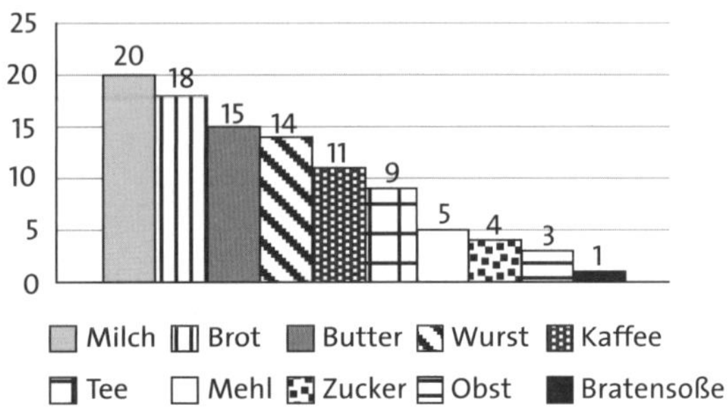

Bürgermeisterwahl:
Hilde Heiter gewinnt.

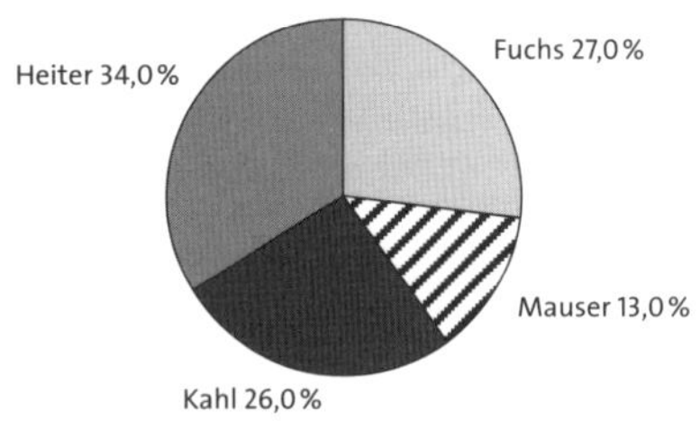

Hausmüll

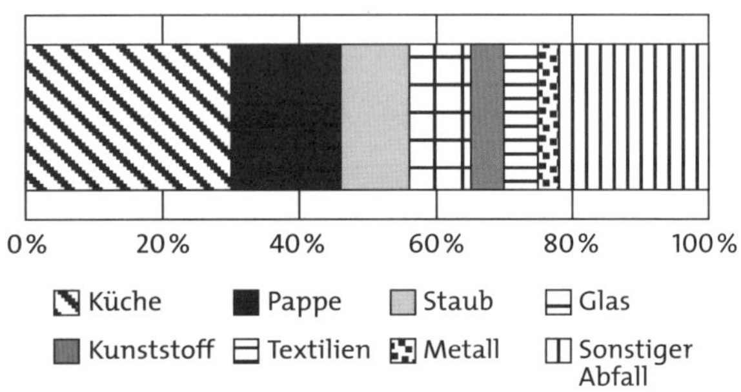

Seite 77
Partner- und Gruppenarbeit

Seite 78
a) 20 %; 55 %; 15 %; 38 %; 3 %; 85 %
b) 6 €; 14,11 l; 14,79 m; 150,35 €; 8,78 kg; 6,59 cm

Sweatshirt-Preis: 48 €

Toms Tag: Mittag: 0,5 h. Schule: 6 h. Frühstück: 1 h. Schlafen: 8 h. Fernsehen: 3 h. Freizeit: 4,5 h. Hausaufgaben: 1 h

Seite 79
Die Preisnachlässe wurden richtig berechnet bei Keyboard, Schuhe, Kamera. Korrekt reduzierte Preise für Hemd: 16,25 €; Handy: 30,55 €; Fernseher: 192,40 €.

a) 70 €; 970 m; 960 l; 1370 €; 5 600 mm
b) 400 €; 75,06 kg; 6,25 %; 351,19 m; 4 %

Seite 80
PKW: 472 Bahn: 64 Bus: 64 Flugzeug: 184 Sonstige: 16

A: Note Eins: 32 % Zwei: 28 % Drei: 24 % Vier: 16 %
B: Stickstoff: 78 % Sauerstoff: 21 % Edelgase: 1 %

Seite 81
a) 3 € **b)** 71,25 € **c)** 69,13 € **d)** 69,93 € **e)** 264,49 €

a) 40 €; 224 €; 190,80 €; 2 880 €; 2 254 €
b) 6 809,60 €; 3 693,80 €; 138 €; 6 124,61 €; 16 270,20 €

Seite 82
A: Ja, das Geld reicht aus. Er bekommt 600 € Zinsen. **B:** 18 €
C: Richtig: 1, 2, 3. korrigiert: 4; 17,50 € **D:** 16,80 € **E:** 5 000 €
F: Bank A: 65 € Zinsen; Bank B: 54 € Zinsen. Mehr Zinsen bei Bank A.

Seite 83
A:

43	46	81	78
+ 175	+ 281	+ 246	+ 361
218	327	327	439

B: 1814 + 18 769 = 20 583 **C:** 52 794 + 7417 = 60 211

Seite 84
a) 8 **b)** 4 **c)** 1 **d)** 9
a) 3 **b)** 7 **c)** 6 **d)** 5 **e)** 6 **f)** 7

Seite 85
a) $x = 6$ **b)** $x = 21$ **c)** $x = -16$ **d)** $x = 5$ **e)** $x = 8$
f) $x = 11$ **g)** $x = 10$ **h)** $x = 6$ **i)** $x = 4$ **j)** $x = 6$
k) $x = 7$ **l)** $x = 3$ **m)** $x = 5$ **n)** $x = 8$ **o)** $x = 4$

Seite 86
a) $x = 11$ **b)** $x = 26$ **c)** $x = 17$ **d)** $x = 97$
e) $x = 174$ **f)** $x = 200$ **g)** $x = 26$

Seite 87
A: $x = -3$ **B:** $x = -6$ **C:** $x = 8$ **D:** $x = 2$
E: $x = 2$ **F:** $x = -5$ **G:** $x = 6$ **H:** $x = -7$

a) $x = 8$ **b)** $x = 66$ **c)** $x = -42,4$

Seite 88
A: $4 - 3 + 5 + x = 21; x = 15$ **B:** $9 + x = 25; x = 16$
C: $88 = 4x + 8; x = 20$ **D:** $5x + 17 = 66,50; x = 9,90$
E: $9x + x = 80; x = 8$ **F:** $2 \cdot (2x + x) = 360; x = 60$

Seite 89
a) $\{1, ..., 7\}$ **b)** $\{5, 6, 7, ...\}$
c) $\{2, 3, 4, ...\}$ **d)** $\{1, ..., 8\}$

a) $\{..., 4\}$ **b)** $\{..., 5\}$ **c)** $\{4, ...\}$ **d)** $\{0, 1, 2, ...\}$
e) $\{0, 1, 2, ...\}$ **f)** $\{..., 1\}$ **g)** $\{5, 6, ...\}$ **h)** $\{4, 5, 6, ...\}$ **i)** $\{..., 1\}$

Seite 90
A: $100 - 3x \geq 70; \mathbb{L} = \{1, ..., 10\}$ **B:** $30 - 4x \geq 10; \mathbb{L} = \{1, ..., 5\}$
C: $2000 - 5x \geq 500; \mathbb{L} = \{1, ..., 300\}$ **D:** $\mathbb{L} = \{8, ...\}$
E: $4x \leq 98; \mathbb{L} = \{1, ..., 24\}$ **F:** $\mathbb{L} = \{1\}$

Seite 91
a) 4 m **b)** 270 g **c)** 800 kg
d) 700 Jahre **e)** 6 671 km **f)** 1840

A: $2 \cdot 12 = x + \frac{1}{2}x; x = 16$ **B:** $x + 35 - 13 = 3x - (35 + x); x = 57$

